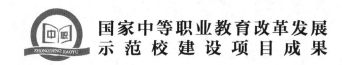

国家中等职业教育改革发展
示范校建设项目成果

电路技术

dianlu jishu

主　编　姜海群

副主编　郭雄艺

参　编　关景新　罗文生　周明君　曾少和

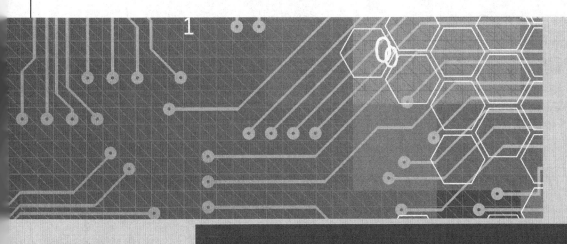

知识产权出版社

全国百佳图书出版单位

图书在版编目（CIP）数据

电路技术/姜海群主编 . —北京：知识产权出版社，2015.10

国家中等职业教育改革发展示范校建设项目成果

ISBN 978 - 7 - 5130 - 2201 - 9

Ⅰ.①电…　Ⅱ.①姜…　Ⅲ.①电路理论—中等专业学校—教材　Ⅳ.①TM13

中国版本图书馆 CIP 数据核字（2013）第 175882 号

责任编辑：石陇辉　　　　责任校对：孙婷婷

封面设计：刘　伟　　　　责任出版：卢运霞

国家中等职业教育改革发展示范校建设项目成果

电路技术

姜海群　主　编

出版发行：**知识产权出版社** 有限责任公司	网　　址：http：//www. ipph. cn
社　　址：北京市海淀区马甸南村 1 号	邮　　编：100088
责编电话：010 - 82000860 转 8175	责编邮箱：shilonghui@cnipr. com
发行电话：010 - 82000860 转 8101/8102	发行传真：010 - 82005070/82000893
印　　刷：北京中献拓方科技发展有限公司	经　　销：各大网上书店、新华书店及相关专业书店
开　　本：787mm×1092mm　1/16	印　　张：13
版　　次：2015 年 10 月第 1 版	印　　次：2015 年 10 月第 1 次印刷
字　　数：310 千字	定　　价：40.00 元

ISBN 978-7-5130-2201-9

审定委员会

主　任：高小霞

副主任：郭雄艺　罗文生　冯启廉　陈　强

　　　　刘足堂　何万里　曾德华　关景新

成　员：纪东伟　赵耀庆　杨　武　朱秀明　荆大庆

　　　　罗树艺　张秀红　郑洁平　赵新辉　姜海群

　　　　黄悦好　黄利平　游　洲　陈　娇　李带荣

　　　　周敬业　蒋勇辉　高　琰　朱小远　郭观棠

　　　　祝　捷　蔡俊才　张文库　张晓婷　贾云富

序

根据《珠海市高级技工学校"国家中等职业教育改革发展示范校建设项目任务书"》的要求，2011年7月至2013年7月，我校立项建设的数控技术应用、电子技术应用、计算机网络技术和电气自动化设备安装与维修四个重点专业，需构建相对应的课程体系，建设多门优质专业核心课程，编写一系列一体化项目教材及相应实训指导书。

基于工学结合专业课程体系构建需要，我校组建了校企专家共同参与的课程建设小组。课程建设小组按照"职业能力目标化、工作任务课程化、课程开发多元化"的思路，建立了基于工作过程、有利于学生职业生涯发展的、与工学结合人才培养模式相适应的课程体系。根据一体化课程开发技术规程，剖析专业岗位工作任务，确定岗位的典型工作任务，对典型工作任务进行整合和条理化。根据完成典型工作任务的需求，四个重点建设专业由行业企业专家和专任教师共同参与的课程建设小组开发了以职业活动为导向、以校企合作为基础、以综合职业能力培养为核心，理论教学与技能操作融会贯通的一系列一体化项目教材及相应实训指导书，旨在实现"三个合一"：能力培养与工作岗位对接合一、理论教学与实践教学融通合一、实习实训与顶岗实习学做合一。

本系列教材已在我校经过多轮教学实践，学生反响良好，可用做中等职业院校数控、电子、网络、电气自动化专业的教材，以及相关行业的培训材料。

珠海市高级技工学校

前　言

　　本书是电子技术应用专业优质核心课程"电路技术"的教材。课程建设小组以电路安装职业岗位工作任务分析为基础，以国家职业资格标准为依据，以综合职业能力培养为目标，以典型工作任务为载体，以学生为中心，运用一体化课程开发技术规程，根据典型工作任务和工作过程设计课程教学内容和教学方法，按照工作过程的顺序和学生自主学习的要求进行教学设计并安排教学活动，共设计了四个项目，每个项目任务下设计了四五个任务，每个任务活动通过相应的教学环节，完成学习活动。通过这些学习任务，重点对学生进行电子行业的基本技能、岗位核心技能的训练，并通过完成四个典型工作任务的课程教学达到与电子行业对应的电路安装岗位的对接，实现"学习的内容是工作、通过工作实现学习"的工学结合课程理念，最终达到培养高素质技能人才的培养目标。

　　本书由我校电子技术应用专业相关人员与恒波、安联锐视等单位的行业企业专家共同开发、编写完成。本书由姜海群担任主编，郭雄艺担任副主编，参加编写的人员有关景新、罗文生、周明君、曾少和，全书由姜海群统稿。

　　由于时间仓促，编者水平有限，加之改革处于探索阶段，书中难免有不妥之处，敬请专家、同仁给予批评指正，为我们的后续改革和探索提供宝贵的意见和建议。

编者

目　录

项目一
万用表的组装与调试
——直流电路的实训与研究

【知识目标】

（1）理解电路相关基本物理量的概念。

（2）掌握串联电路、并联电路的特点。

（3）分析计算较简单的直流电路。

【技能目标】

（1）会测量电路中的电流、电压等基本物理量。

（2）会检测电阻、电容、二极管等元器件。

（3）能用仿真软件对电路进行分析。

（4）会组装和调试指针式万用表。

【情感目标】

（1）培养理论联系实际的学习习惯和实事求是的科学精神。

（2）培养自主性、研究性的学习方法。

（3）培养严谨、认真的学习态度。

（4）初步培养学生的团队合作精神，形成产品意识、质量意识、安全意识。

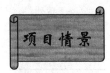

【情景一】

通过拆装手电筒，观察其内部结构，掌握电路的组成及各部分的作用。

【情景二】

学生在教师的指导下拆卸万用表（MF - 47 型万用表），观察其内部结构。教师结合实物指出电路中的电阻、电容、二极管等元器件，引导学生认识各元器件的作用，电流、电压、电阻等物理量的测量方法，指出哪些电路为串联、哪些电路为并联、哪些电路为混联。

项目任务

万用表分指针式与数字式两种，如图 1-1 所示，本项目主要完成指针式万用表的组装与调试。由情景二知道，组装万用表要用到电阻、电容、二极管等元器件，为此在技能方面要学习电阻电容、二极管等元器件的识别与检测；有了这些元器件，还要将其焊接成电路并进行调试，为此要学习焊接技术与电路调试方法等；万用表是用来测量电流、电压、电阻等电学物理量的，为此还要学习电流、电压、电阻等物理量的概念；万用表电路中有串联、并联、混联电路，对于由多个元器件组成的电路，可以把它简化成由一两个元器件组成的比较简单的电路，为此还要学习电阻的串联与并联电路以及可以对电路分析化简的戴维南定理、基尔霍夫定律等理论知识；为了对电路进行分析，更好地掌握相关定律，要学会 Proteus 软件的操作方法。

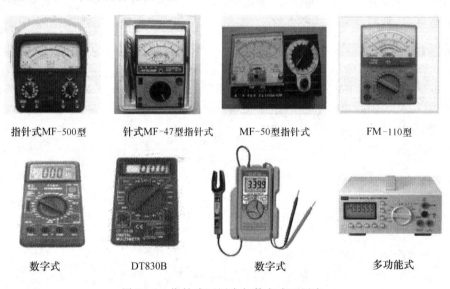

| 指针式MF-500型 | 针式MF-47型指针式 | MF-50型指针式 | FM-110型 |
| 数字式 | DT830B | 数字式 | 多功能式 |

图 1-1 指针式万用表与数字式万用表

任务一 认知直流电路

案例 手电筒是大家所熟悉的一种用来照明的简单用电器具，如图 1-2 所示。

它由如下四部分组成。

(1) 干电池，它将化学能转换为电能。

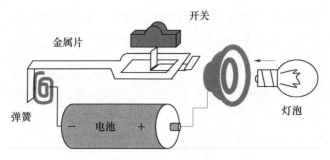

图 1-2　手电筒电路

（2）灯泡，它将电能转换为光能。

（3）开关，通过它的闭合与断开，能够控制灯泡的发光情况。

（4）金属容器、卷线连接器，它相当于传输电能的金属导线，提供了手电筒中其他元器件之间的连接。

研究一　**电流与电路的状态**

选择适当的电流表、白炽灯和电池（1.5V 的干电池若干节），用导线连接电路，如图 1-3 所示。

图 1-3　简单直流电路

连接好以后，完成如下实验：断开开关 S，此时灯不亮，电流表的读数为"0"，说明电路中没有电流；闭合开关 S，此时灯亮，同时电流表的指针会指向某一刻度，说明电路中有电流通过。那么，什么是电流呢？

我们知道，铜是由铜原子组成的，而铜原子是由带正电的原子核与围绕原子核运动且带负电的电子组成的。通常这些带负电的电子运动是无规则、不定向的，当由铜做成的导线接通电源构成闭合电路时，这些电子会在电源的作用下定向移动，形成电流（可做仿真实验）。

定义：电荷的定向移动形成电流。规定单位时间内流过导线某一横截面的电荷量称为电流强度，简称电流，即

$$I = \frac{\Delta Q}{\Delta t}$$

式中　I——电流，单位为安［培］（A）；

　　　Δt——规定时间，单位为秒（s）；

　　　ΔQ——规定时间内通过导体某一横截面的电荷量，单位为库［仑］（C）。

根据以上描述可得：电流的常用单位有安［培］（A）、毫安（mA）与微安（μA），它们之间的换算关系为：1A＝1000mA，1mA＝1000μA。

知识链接一 **电路与电路的状态**

一、电路模型

为了便于分析与研究，通常将图1-2所示的手电筒电路简化成图1-4所示的电路模型，电路模型简称电路。今后如不作特别说明，书中"电路"指的都是电路模型。电路模型中的元器件都是理想元器件。

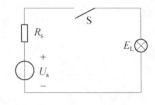

图1-4　手电筒电路模型

电路模型中的各种电气元器件与设备，都用特定的图形符号和文字符号来表示。部分常用元器件的图形符号与文字符号见表1-1。

表1-1　　　　　　　部分常用元器件的图形符号与文字符号

图形符号	⊗	⊕	▭	▭	∿	⌒⌒⌒	⊣⊢
文字符号	E_L	E 或 U_s	R	FU	S	L	C
名称	照明灯	直流电源	电阻	熔断器	开关	电感	电容

在此，我们对电阻与熔断器分别作一解释。

电阻。能导电的物体称为导体，导体对电流都有一定的阻碍作用，这种阻碍作用用电阻表示。有的物体对电流阻碍作用小，如常用的铜导线，习惯把它们称为导体；有些物体对电流的阻碍作用很强，不能导电，如橡胶等，把它们称为绝缘体。

电阻的单位是欧［姆］（Ω），常用单位还有千欧（kΩ）与兆欧（MΩ），三者换算关系为

$$1M\Omega = 1000k\Omega \quad 1k\Omega = 1000\Omega$$

熔断器。熔断器中的主要部分——熔体是熔点较低的一类导体，当电路中电流过大时，它会很快或立即熔断，对电路起保护作用（熔断器的作用可通过仿真实验得出）。

表1-1中的电感、电容将在项目二、项目三中去研究。

二、电路的组成

请同学们观察图1-3所示简单直流电路，完成表1-2。

表1-2　　　　　　　　　　　电路的组成

电路的组成				
元器件名称或符号				
作　用				

根据观察研究，我们得到，电路是由电源、导线、开关（控制器件）和负载（用电器）

组成的。各元器件的作用如下。

　　电源——提供电能，输出电流或电压。

　　导线——连接电路的元器件。

　　开关——控制电路的通断。

　　负载——实现电能转换，如荧光灯把电能转换成光能。负载的种类很多，请同学们在生活中去分析研究它们。

　　图1-5所示的三个电路图，分别表示了电路的开路、短路和通路三种状态。

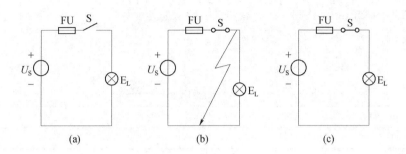

图1-5　电路的工作状态
(a) 开路；(b) 短路；(c) 通路

　　根据生活经验和通过仿真，请同学们完成表1-3。

表1-3　　　　　　　　　　　　　　　　电路的工作状态

电路状态	开路	短路	通路
现象			
原因			

　　根据推理分析，我们得到如下结论。

　　(1) 如图1-5 (a) 所示，电路处于开路状态时，灯 E_L 不亮，因电路中没有电流。

　　(2) 如图1-5 (b) 所示，电路处于短路状态时，灯 E_L 不亮，电路中电流会很大，所以熔断器会立即熔断。

　　(3) 如图1-5 (c) 所示，电路为正常的通路状态时，灯 E_L 得到额定电压、通过额定电流，会正常发光。

研究二　电位与电压的测量

　　在电路中，电流之所以能够持续产生是因为有相当于水泵作用的干电池存在，电池具有持续产生电压的能力。电压在电路中的作用相当于水压的作用，所以能保证电流的持续流通，不断地为负载提供能量，使电路正常工作，如图1-6所示。

　　选择适当的直流电源、电流表、电阻和开关连接图1-7所示电路，完成以下测量任务：合上电源开关，用电压表测量 A、B、C、D 点与 O 点及其之间的电压，并把测量结果记录在表 1-4 中。

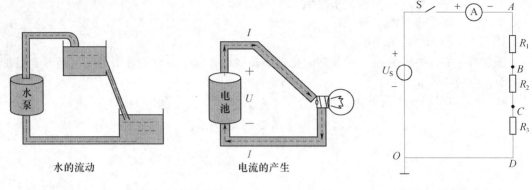

图 1-6 电流的产生　　　　　　　　　　图 1-7 实验电路

表 1-4　　　　　　　　　　　　　　　　电压测量记录

U_{AO}/V	U_{BO}/V	U_{CO}/V	U_{DO}/V	U_{AB}/V	U_{BC}/V	U_{CD}/V

【思考与分析】

(1) U_{AO}、U_{BO}、U_{CO}、U_{DO} 为什么会逐渐减小？

(2) U_{AB}、U_{BC}、U_{CD}、U_{DO} 与各自的电阻有什么关系？

 **知识链接二　　电位、电压、欧姆定律**

一、电位

由表 1-4 的测量结果可以发现，在由 A 点到 D 点的测量过程中，电压表的读数是依次减小的，这是什么原因呢？

引入电位能的概念就可解释这一测量引出的问题。首先要在电路中选择一个参考点，并设定参考点的电位能为零（电路中一般把电源负极选作参考点，工程上一般选择大地为参考点）。在图 1-7 中，选 O 点作为参考点，AO 两点间有 3 个电阻消耗电能，BO 之间有 2 个电阻消耗电能，CO 之间只有 1 个电阻消耗电能，即 A、B、C、D 各点的电位能是依次下降的。

在电路中常用电位来描述电位能的高低。某点的电位规定为单位正电荷自该点移动到参考点时电场力所做的功，可用 U_A、U_B 等表示。电位的单位为伏［特］（V），辅助单位还有千伏（kV）、毫伏（mV），它们之间的换算关系为 $1kV = 1000V$，$1V = 1000mV$。

二、电压

在电路中，两点间的电位差就是这两点间的电压，单位与电位的单位相同。由表 1-4

可知：A、B 两点的电位为 U_A、U_B，两点间的电压为 $U_{AB}=U_A-U_B$，若 $U_A=12\text{V}$，$U_B=6\text{V}$，则 $U_{AB}=12\text{V}-6\text{V}=6\text{V}$。

三、部分电路欧姆定律

根据物理学知识可知，通过一段导体的电流，与导体两端的电压成正比，与该段导体的电阻成反比，该规律叫欧姆定律，即

$$I=\frac{U}{R}$$

式中　I——流过导体的电流，单位为安［培］（A）；

　　　U——导体两端的电压，单位为伏［特］（V）；

　　　R——导体的电阻，单位为欧［姆］（Ω）。

四、全电路欧姆定律

在一个闭合回路（见图 1-8）中，电流 I 与电源的电动势 E 成正比，与电路中的内电阻和外负载电阻之和（R_O+R_L）成反比，称为全电路欧姆定律。其表达式为

$$I=\frac{E}{R_O+R_L}$$

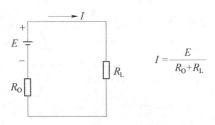

$$I=\frac{E}{R_O+R_L}$$

图 1-8　全电路的欧姆定律

 **知识链接三　万用表的使用**

一、认识万用表

（1）熟悉万用表转换开关、机械调零旋钮、插孔（红表笔插入"＋"插孔、黑表笔插入"－"插孔，如要测量 2500V 的高压，将红表笔插入高压插口即可）等的作用，查看"┌┐"，确定是水平放置使用还是"⊥"垂直放置使用。

（2）熟悉刻度盘上每条刻度线与转换开关对应的测量电量。

（3）进行机械调零，旋动万用表面板上的机械调零旋钮，使指针对准刻度盘左端的"0"。

二、用万用表测量的物理量

1. 测量直流电流

（1）把转换开关拨到直流电流挡，选择合适的量程。

（2）将万用表串联在被测电路中，电流应从红表笔流入、黑表笔流出，不可接反。若发现表针反偏，应立即调换红、黑表笔的接入位置。

（3）根据指针稳定时的位置及所选量程正确读数。电流表指示值的读数方法是：单位刻度的权数乘以刻度数。在图1-9中，当转换开关位于"10mA"挡时，指示值为$3.5 \times 2mA = 7mA$；当转换开关位于"50mA"挡时，指示值为$3.5 \times 10mA = 35mA$；当转换开关位于"250mA"挡时，指示值为$3.5 \times 50mA = 175mA$；以此类推。

2. 测量直流电压

（1）把转换开关拨到直流电压挡，并选择合适的量程。若不知被测电压的数值范围时，可先选用较大的量程，如不合适则逐步减小，最好使表针指在满刻度的2/3处附近。

（2）把万用表并联在被测电路中，红表笔接被测电压的正极、黑表笔接被测电压的负极。发现表针反偏，应立即调换红、黑表笔的接入位置。

（3）根据指针稳定时的位置及所选量程正确读数。电压表指示值的读数方法与电流表指示值的读数方法相同（见图1-10）。当转换开关位于"10V"挡时，指示值为7V；当转换开关位于"50V"挡时，指示值为35V；当转换开关位于"250V"挡时，指示值为175V；以此类推。

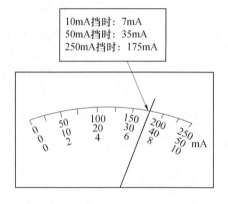

图1-9　测直流电流时的读数方法

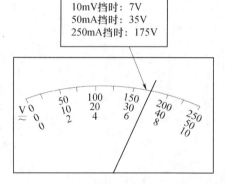

图1-10　测直流电压的读数方法

3. 测量交流电压

（1）把转换开关拨到交流电压挡，选择合适的量程。

（2）将万用表并联在被测电路的两端，不分正负极。

（3）根据指针稳定时的位置及所选量程正确读数，读数方法与测量直流电压时相同，但需注意的是其读数为交流电压的有效值。

4. 测量电阻

（1）把转换开关拨到欧姆挡，合理选择量程。

（2）两表笔短接，旋转欧姆调零旋钮，使表针指到电阻刻度右边的"0"Ω处。

（3）将被测电阻与电路断开，用两表笔接触电阻两端，将表头指针显示的读数乘所选量程的倍率数即为所测电阻的阻值。欧姆刻度线的特点是：最右边为"0"Ω，最左边为"∞"，且为非线性刻度。

测电阻时的读数方法是表针所指数值乘以量程档位。在图 1-11 中,当转换开关位于 "R×1" 挡时,指示值为 $17.1×1Ω=17.1Ω$;当转换开关位于 "R×10" 挡时,指示值为 $17.1×10Ω=171Ω$;当转换开关位于 "R×1k" 挡时,指示值为 $17.1×1kΩ=17.1kΩ$;以此类推。

三、测量值的读数

测量值的读数应为 "准确读数+1位估读数"。如图 1-11 所示,读数 17.1 中的 0.1 是估读数,17 是准确读数。需要注意的是,估读数只能是最小刻度值后的 1 位,不可能估读出 2 位,即 17.1 不能读成 17.12,因为 0.02 是无法估读出来的。如果指针正好落在刻度线上,那么估读数为 0.0。为了减小读数误差,读数时双眼应正视仪表表针。仪表的刻度盘很像镜子,犹如反射镜,双眼正视指针时,可以使镜中 "虚像" 与刻度盘指针重合,这样因视觉引起的读数误差就会最小。估读数是欠准确的,所以也称欠准确读数。

四、用万用表测量时的注意事项

1. 用万用表测量电压或电流时的注意事项

(1) 测量时,不能用手触摸表笔的金属部分,以保证安全和测量的准确性。

(2) 测直流量时要注意被测电量的极性,避免表针反偏损坏表头。

(3) 测量时,不能带电转动转换开关,避免转换开关的触头产生电弧而损坏。

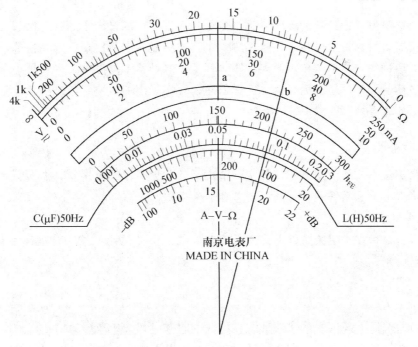

图 1-11 电阻的读数方法

（4）测量完毕后，将转换开关置于交流电压最高挡或 OFF 挡。

2. 测量电阻时的注意事项

（1）不允许带电测量电阻，否则会烧坏万用表。

（2）万用表内干电池的正极与面板上"－"（黑色）插孔相连，干电池的负极与面板上的"＋"（红色）插孔相连。在测量电解电容和晶体管等器件的电阻时要注意极性。

（3）每换一次倍率挡，要重新进行欧姆调零。

（4）不允许用万用表电阻挡直接测量高灵敏度表头内阻，以免烧坏表头。

（5）不准用两只手捏住表笔的金属部分测电阻，否则会将人体电阻与被测电阻并联而引起测量误差。

（6）测量完毕，将转换开关置于交流电压最高挡或 OFF 挡。

五、万用表的维护

（1）测量完毕后，应拔出表笔，并将转换开关置于交流电压最高挡或 OFF 挡，防止下次开始使用时不慎烧坏万用表。

（2）长时间搁置不用时，应将万用表中的电池取出，以防止电池电解液渗漏而腐蚀万用表内部电路。

（3）平时要保持万用表干燥、清洁，严禁剧烈震动与机械冲击。

知识拓展一　　指示仪表的误差

在电路实验中，把被测量转变成机械位移从而指示被测量大小的电工仪表，称为电工测量指示仪表，简称指示仪表。在电工测量中，被测量的实际值是客观存在的，但由于指示仪表在生产过程中的生产技术原因、测量环境及测量技术的影响，以及最小刻度数后一位数字的估读差别等，使得测量值与实际值总是存在一定的误差。通过提高测量技术，可以尽量减小测量误差。

一、仪表的误差

在电路实验中，我们把测量值与实际值之间的差异叫作仪表误差。根据引起误差的原因，可以将误差分为系统误差、随机误差和粗大误差。

1. 系统误差

系统误差是指在一定的条件下，测量误差的数值保持恒定或按一定规律变化的误差。系统误差是由于仪表不完善、测量方法不严格、测量条件不稳定引起的，可以通过选择正确的测量方法和仪表、引入修正值等方法予以消除。

2. 随机误差

在相同的条件下多次测量同一量值时，误差的大小和符号随机变化，这种误差称为随机误差或偶然误差。由于误差具有随机性，因此可以采用多次测量取平均值的方法来削弱随机误差。

3. 粗大误差

在一定的测量条件下，测量数据明显偏离实际值所造成的测量误差称为粗大误差。粗大误差是由于测量者本身或测量条件变化造成的，因此要养成良好的工作作风并设计良好的科学工作程序。具有粗大误差的数据应该予以剔除。

二、误差的表示

1. 绝对误差

测量值 A_x 与被测量的实际值 A_0 之差称为绝对误差，用 Δ 表示，即 $\Delta = A_x - A_0$。

Δ 为正值，说明测量值大于实际值；Δ 为负值，说明测量值小于实际值。

2. 相对误差

测量不同大小的被测量时，用绝对误差是无法比较两次测量的准确程度的。如测100mV 的电压时绝对误差是 1mV，测量 10mV 的电压时绝对误差也是 1mV，虽然两次测量的绝对误差相同，但让人感觉第一次测量结果更为准确。因为第一次测量误差仅占测量结果的 1%，而第二次占测量结果的 10%，这就是相对误差的概念。

相对误差等于绝对误差与实际值的百分比，即 $\gamma = \Delta / A_0 \times 100\%$。绝对误差有单位，而相对误差 γ 没有单位。

知识拓展二 　电阻定律与电阻分类

一、电阻定律

电阻定律的内容可表述为：导体的电阻跟导体的长度成正比，与导体的横截面积成反比，还与导体的材料有关，即

$$R = \rho \frac{l}{s}$$

式中　R——导体的电阻，单位为欧［姆］（Ω）；

　　　l——导体的长度，单位为米（m）；

　　　S——导体的横截面积，单位为平方米（m^2）；

　　　ρ——导体的电阻率，单位为欧·米（$\Omega \cdot m$）。

不同材料的电阻率不同。金属的电阻率较小，绝缘体的电阻率很大，半导体的电阻率居中。

电阻的大小还会受到环境温度的影响，用电阻温度系数表示。通常金属导体的温度系数为正，电阻随温度的增加而增大；在半导体材料中加入不同的物质，其温度系数可为负，也可为正。如用半导体材料制作的电冰箱温控电阻随温度的增加而减小，电冰箱的起动电阻随温度的增加而增大。

二、电阻器的种类

电阻器是一种常用的电子元件，各种电阻器如图 1-12 所示。

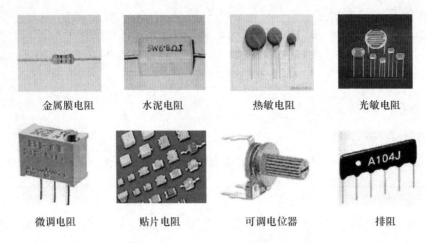

金属膜电阻	水泥电阻	热敏电阻	光敏电阻
微调电阻	贴片电阻	可调电位器	排阻

图 1-12　各种电阻器

按电阻材料、结构形状分成碳膜电阻器、金属膜电阻器、绕线电阻器和片状电阻器等多个种类。下面重点介绍一下应用最普遍的碳膜电阻器、金属膜电阻器和绕线电阻器的特点及电阻型号命名方法。

1. 碳膜电阻器

碳膜电阻器的外形和结构如图 1-13 所示。这种电阻器阻值大小一般用色环标示，也有用数值标示的。它一般用结晶碳沉积在瓷棒或瓷管上制成，改变碳膜的厚度或长度，便可以得到不同的阻值。碳膜电阻器的主要特点是高频性能好、价格低，应用非常广泛。

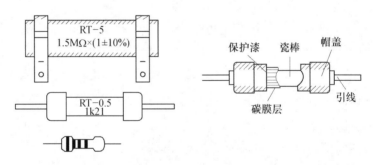

图 1-13　碳膜电阻器的外形和结构

2. 金属膜电阻器

金属膜电阻器的电阻膜是通过真空蒸发等方法，使合金粉沉积在瓷基体上制成的。刻槽和改变金属膜厚度可以精确地控制电阻值。金属膜电阻器在频率、温度变化时阻值变化很小，其额定工作温度为 70℃，最高可达 155℃。金属膜电阻器常用于通信设备、电子仪器、家用电器等电路中。

金属膜电阻与碳膜电阻的区分：从外观上，金属膜的为五个环（1%），碳膜的为四环（5%）。金属膜的为蓝色，碳膜的为土黄色或是其他的颜色（微型电阻过去的国标是按颜色区别，金属膜电阻用红色，碳膜电阻用绿色）。但由于工艺的提高和假金膜

12

的出现，这两种方法并不是很好，很多时候区分不开这两种电阻。比较好的方法是下面两种。

（1）用刀片刮开保护漆，露出的膜的颜色为黑色的是碳膜电阻，膜的颜色为亮白的是金属膜电阻。

（2）由于金属膜电阻的温度系数比碳膜电阻小得多，所以可以用万用表测电阻，然后用烧热的电烙铁靠近电阻，如果阻值变化很大，则为碳膜电阻，反之则为金属膜电阻。

3. 绕线电阻器

图 1-14 所示的绕线电阻器是用电阻率较大的镍铬合金、锰铜合金等合金线在陶瓷骨架上缠绕而制成的。绕线电阻器具有耐高温（能在 300℃ 的高温下稳定工作）、噪声小、精度高、额定功率较大（4～300W）的特点，常用于限流、大功率及高精密电路中，如彩色电视机电源中的瓷壳绕线电阻器、万用表中作分流用的精密绕线电阻器等。一般绕线电阻器的分布电容、电感较大，不宜用在高频电路中。

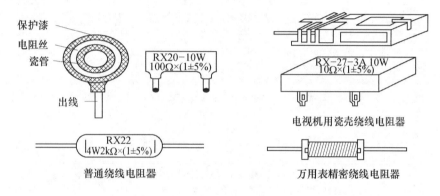

图 1-14　绕线电阻器

任务二　电阻串联、并联电路的研究

电压表的表头所能测量的最大电压就是其量程，通常它都较小。在测量时，通过表头的电流是不能超过其量程的，否则将损坏电流表。而实际用于测量电压的多量程的电压表（例如，C30-V 型磁电系电压表）是由表头与电阻串联的电路组成，如图 1-15 所示。其中，R_g 为表头的内阻，I_g 为流过表头的电流，U_g 为表头两端的电压，R_1、R_2、R_3、R_4 为电压表各挡的分压电阻。对应一个电阻挡位，电压表有一个量程。

以上就是利用了串联电阻的"分压"作用来扩大电压表的量程的原理。

 **电阻串联电路的特性研究**

如图 1-16 所示，电阻的串联就是将电阻依次串接在电路中。在串联电路中，各元器件依次串联。请根据分析与实验，填写表 1-5。

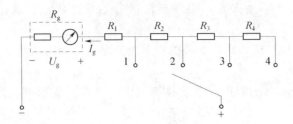

图 1 - 15　C30 - Ⅴ磁电系电压表电路图

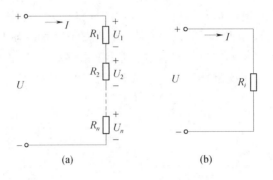

(a)　　　　　　　　(b)

图 1 - 16　电阻的串联

（a）电阻串联；（b）等效电路

表 1 - 5　　　　　　　　　　　　串联电路特性分析

完成的任务	分析与实验	特性与结论
各元件的电流	电源提供的电流为 I，由于没有分支，所以通过各个元件的电流不会减少，可由实验验证	在串联电路中，电流关系为：
电路的总电阻与各电阻的关系	一个导体的电阻为 R_{AD}，在这一导体中取 R_{AB}、R_{BC}、R_{CD}三段，则总电阻与各电阻的关系怎样	在串联电路中，总电阻与各电阻的关系为：
电路的总电压与各电阻上电压的关系	研究电路总电压与各电阻电压的关系	在串联电路中，总电压与各电阻电压的关系为：

由表 1 - 5 可知，在串联电路中有如下关系：

（1）通过串联电路的电流等于各元件所通过的电流，即

$$I = I_1 = I_2 = I_3 = \cdots = I_n$$

（2）串联电路两端的电压（总电压）等于各元件上的电压之和，即

$$U = U_1 + U_2 + \cdots + U_n$$

（3）串联电路的总电阻等于各元件的电阻之和，即

$$R = R_1 + R_2 + \cdots + R_n$$

【例 1 - 1】　如图 1 - 17 所示，若 $U = 6V$，$R_1 = 4\Omega$，$R_2 = 8\Omega$，求 R_1 和 R_2 各分得多少电压。

解：由

$$I = \frac{U}{R_1 + R_2} = \frac{U_1}{R_1}$$

14

可得
$$U_1 = \frac{UR_1}{R_1+R_2} = \frac{6 \times 4}{8+4} \text{V} = 2 \text{V}$$

同理可得
$$U_2 = \frac{UR_2}{R_1+R_2} = 4 \text{V}$$

$$U_2 = U - U_1 = 4 \text{V}$$

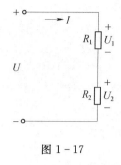

图 1-17

解题方法常是灵活多样的，要善于动脑，灵活地运用所学知识。本题计算 U_1、U_2 的两个公式反映的是两个电阻的分压规律（称为分压公式）。两个电阻串联，每个电阻分得的电压与自身的电阻成正比、与总电阻成反比。

【例 1-2】 某电流表的表头内阻为 $1 \text{k}\Omega$，其量程（最大测量值）为 10mA，现要测量 100V 的电压，应如何处理？

分析：由例 1-1 可知，只要串联一个电阻，使其分得 90V 电压，表头分得 10V 电压即可。

解： 如图 1-18 所示，电流表表头的电压
$$U_\text{g} = IR_\text{g} = 10 \times 10^{-3} \times 10^3 \text{V} = 10 \text{V}$$

分压电阻的分压为
$$U_\text{x} = 100 \text{V} - 10 \text{V} = 90 \text{V}$$

分压电阻为
$$R_\text{x} = \frac{U_\text{x}}{I} = \frac{90}{10 \times 10^{-3}} \Omega = 9 \text{k}\Omega$$

实际的电压表都是在一个较小量程的电流表上串联电阻制成的，串联多个电阻就可以制成多量程的电压表，万用电表就为其一个典型的应用实例。

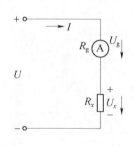

图 1-18 电流表改装
　　　　成电压表

【例 1-3】 如图 1-15 的 C30-V 型磁电系电压表，其表头的内阻 $R_\text{g} = 29.28\Omega$，各挡分压电阻分别为 $R_1 = 970.72\Omega$，$R_2 = 1.5 \text{k}\Omega$，$R_3 = 2.5 \text{k}\Omega$，$R_4 = 5 \text{k}\Omega$；这个电压表的最大量程为 30V。试计算表头所允许通过的最大电流值 I_gm、表头所能测量的最大电压值以及扩展后的各量程的电压值 U_1、U_2、U_3、U_4。

解： 当开关在"4"挡时，电压表的总电阻 R_i 为
$$R_\text{i} = R_\text{g} + R_1 + R_2 + R_3 + R_4$$
$$= (29.28 + 970.72 + 1500 + 2500 + 5000) \ \Omega$$
$$= 10000 \Omega = 10 \text{k}\Omega$$

通过表头的最大电流值 I_gm 为
$$I_\text{gm} = \frac{U_4}{R_\text{i}} = \frac{30}{10} \text{mA} = 3 \text{mA}$$

当开关在"1"挡时，电压表的量程 U_1 为
$$U_1 = (R_\text{g} + R_1)I_\text{gm} = (29.28 + 970.72) \times 3 \text{mV} = 3 \text{V}$$

当开关在"2"挡时，电压表的量程 U_2 为
$$U_2 = (R_\text{g} + R_1 + R_2)I_\text{gm} = (29.28 + 970.72 + 1500) \times 3 \text{mV} = 7.5 \text{V}$$

当开关在"3"挡时，电压表的量程 U_3 为

$$U_3 = (R_g + R_1 + R_2 + R_3) I_{gm}$$
$$= (29.28 + 970.72 + 1500 + 2500) \times 3\text{mV} = 15\text{V}$$

表头所能测量的最大电压 U_{gm} 为

$$U_{gm} = R_g I_{gm} = 29.28 \times 3\text{mV} = 87.84 \text{ mV}$$

由此可见，直接利用表头测量电压时，它只能测量 87.84 mV 以下的电压，而串联了分压电阻 R_1、R_2、R_3、R_4 后，它就有 3V、7.5V、15V、30V 四个量程，实现了电压表的量程扩展。

研究一 **多量程电压表的实验与研究**

图 1-19 所示为电压表扩大量程的电路。表头的电压为 3V，内阻为 R_g（实验前先测出该电阻值）。按照表 1-6 进行实验。实验时先调节电阻 P_R，再调节电源电压 U_S，并始终使电压表读数保持 3V 不变。

每次增加或减小电阻时，开关 S 都应断开，否则会烧坏滑线变阻器。

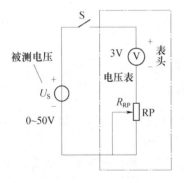

图 1-19 电压表扩大量程

表 1-6 电压表量程的实验与研究

R_{RP}	0	$4R_{RP}$	$9R_{RP}$	$14R_{RP}$
U_g/V	3	3	3	3
U_{RP}/V				
$(R_{RP} + R_g)/\Omega$				

【思考与分析】

(1) 通过实验，是否发现了电压表扩大量程以后分压电阻的变化规律？

(2) 设电压表的量程为 U_g，串联分压电阻后的量程为 U_x，则 $R_{RP} = (U_x/U_g - 1)R_g$，是否发现了这一规律？

电压表在使用时，必须并联在电路中，要求其内阻越大越好，这样就可以忽略掉它的分流作用。

 **电阻并联电路的特性研究**

如图 1-20 所示，并联电路（含电阻的并联）指的是电路中元器件首端与首端、尾端与尾端并接在一起的电路，也可以描述为各支路（无分支的一条电路）的首端与首端、尾端与尾端接在一起的电路。R_1、R_2、R_3 所在支路就是并联在 AB 两点间的支路。

根据分析与实验，可以得到并联电路的如下特性。

（1）各支路的电压相等，且等于并联的总电压，即

$$U = U_1 = U_2 = U_3 = \cdots = U_n$$

（2）并联电路的总电流等于各支路的电流之和，即

$$I = I_1 + I_2 + I_3 + \cdots + I_n$$

（3）并联电路的总电阻倒数等于各支路电阻倒数之和，即

$$\frac{1}{R} = \frac{1}{R_1} + \frac{1}{R_2} + \frac{1}{R_3} + \cdots + \frac{1}{R_n}$$

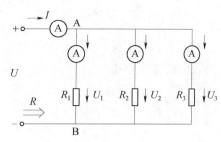

图 1-20　电阻的并联

知识链接三　**并联电路的计算与应用**

【例 1-4】　如图 1-21 所示，两个电阻的并联电路，若 $I = 3A$，$R_1 = 3\Omega$，$R_2 = 6\Omega$，求总电阻 R 及电流 I_1、I_2。

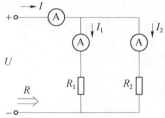

图 1-21　两个电阻的并联电路

解： 先求总电阻 R

由　　$\dfrac{1}{R} = \dfrac{1}{R_1} + \dfrac{1}{R_2}$　　得 $R = \dfrac{R_1 R_2}{R_1 + R_2} = 2\Omega$

由 $U = U_1 = U_2$ 得 $IR = I_1 R_1 = I_2 R_2 = U$

即　　$I_1 = \dfrac{R_2 I}{R_1 + R_2} = 2A$

同理　$I_2 = \dfrac{R_1 I}{R_1 + R_2} = 1A$

上式为两个电阻并联时等效电阻的计算公式和两个电阻并联时的分流公式。

【例 1-5】　求 10 个 10Ω 电阻并联的等效电阻。

解： 当 $R_1 = R_2 = \cdots = R_{10}$ 时

$$\frac{1}{R} = \frac{1}{R_1} + \frac{1}{R_2} + \cdots + \frac{1}{R_{10}} = \frac{10}{R_1}$$

$$R = \frac{R_1}{10} = 1\Omega$$

该结果可以推广为 n 个等值电阻并联，此时的等效电阻为

$$R = R_1/n。$$

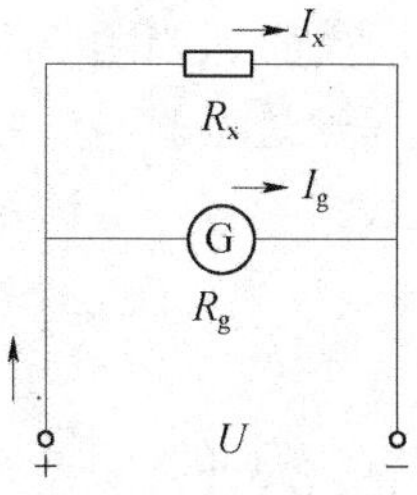

图 1-22　扩大电流表的量程

【例 1-6】　电流表的内阻为 $1k\Omega$，量程为 $10mA$。现要测量 $10A$ 的电流，应如何处理（见图 1-22）？

分析：根据电阻并联的分流公式可知，只要并联一个适当电阻，分掉 $9.99A$ 的电流，表头流过 $10mA$（即 $0.01A$）的电流即可。

解： 如图 1-22 所示，由于 $U_x = U_{gt}$ 得 $I_x R_x = I_g R_g$，即

17

$$R_{x} = \frac{I_{g}R_{g}}{I_{x}} = \frac{I_{g}R_{g}}{I - I_{g}} = \frac{0.01R_{g}}{10 - 0.01} = \frac{0.01 \times 10^{3}\Omega}{9.99} \approx 1.001\Omega \approx 1\Omega$$

电流表在使用时，必须串联在电路中，所以其内阻越小越好，这样就可以忽略电流表在电路中的分压作用。

研究二 **多量程电流表的研究**

在电流表表头上并联一个电阻后可以扩大电流表的量程。根据表 1-7 与图 1-23，选择适当的元器件并连接电路，调节电阻大小时，电路必须开路；调节直流电源电压时，注意电流表表头与电流表的量程限制，不能过载。R_{g} 可通过查仪表参数或事先测量获得。设原表头的量程为 100mA。

表 1-7   电流表量程的研究

R_{x}	0	$0.5R_{g}$	$0.2R_{g}$	$0.09R_{g}$
电流表 G 的读数/mA	100	100	100	100
电流表 A 的读数/mA				

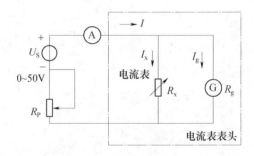

图 1-23   改变电流表量程的实验图

注：适当调节 R_{p} 与 U_{S} 使电流表表头的读数保持为 100mA。

通过实验与研究，发现了电流表的量程与分流电阻之间的关系了吗？这个关系就是电流表的量程一定满足

$$I = I_{g} + \frac{R_{g}}{R_{x}}I_{g} = (1 + \frac{R_{g}}{R_{x}})I_{g}$$

知识链接四 **电阻的混联**

在万用表电路中既有电阻的串联，又有电阻的并联，这样的电路称为混联电路。在计算混联电路的有关参数时，可先根据串联、并联电路的特点对电路进行化简。

任务三　认识电功率与电能

问题：日常生活中有哪些常见用电器？这些用电器都进行哪些能量转化？举例说明

（见图 1-24）。

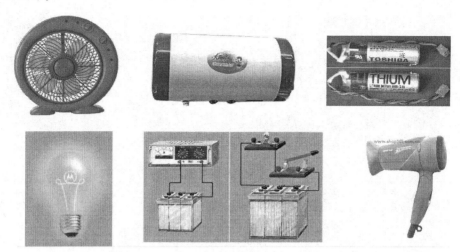

图 1-24 生活中的能量转化

一、电功（电能）

（1）什么叫电功？在导体的两端加上电压，导体内建立了电场。自由电子在电场力的作用下定向移动，电场力对自由电子做了功，这个功简称为电功，通常说成电流做的功。

（2）电功的计算公式为

$$W=UIt$$

（3）说明。

1）表达式的物理意义——电流在一段电路上的功跟这段电路两端的电压、电路中的电流强度和通电时间成正比。

2）单位——W、U、I、t 单位分别为焦〔耳〕、伏〔特〕、安〔培〕、秒，即 $1J = 1V \cdot A \cdot s$。

3）实质——电能转化为其他形式的能，是通过电功来实现的。电流做了多少功，就有多少的电能转化为其他形式的能。

在工程上，电能的单位还用千瓦时（kW·h，俗称度）表示。若功率的单位为千瓦，时间的单位为小时，则电能的单位就为千瓦时。

二、电功率

在家庭照明中，40W 的荧光灯比 20W 的要亮得多，在相同的时间内前者比后者的用电量也多。原因就是 40W 荧光灯的电功率要比 20W 荧光灯的电功率大。

（1）什么是电功率？电功率是表示电流做功快慢的物理量。

（2）电功率的计算公式为

$$P=W/t=UIt/t=UI$$

（3）说明。

1）表达式的物理意义——一段电路上的电功率跟这段电路两端的电压和电路中的电流成正比。

2）单位——P、U、I 单位分别为瓦［特］、伏［特］、安［培］，即 $1V \cdot A$。

3）实质——表示电能转化为其他能的快慢程度。

（4）额定功率和实际功率。

1）额定功率是指用电器在额定电压下工作的功率，是用电器正常工作的最大功率（见表1-8）。

2）实际功率是指用电器在实际电压下工作的实际的功率。

表1-8　　　　　　　　几种常用电器的额定电压和额定功率

常用电器	额定电压	额定功率
29寸彩电	220V	150W
电烙铁	220V	15～100W
电熨斗	220V	800W
电冰箱	220V	130W
微波炉	220V	1080W

【例1-7】　在图1-25所示电路中，$R_1 = 6\Omega$，$R_2 = 6\Omega$，$R_3 = 3\Omega$，$R_4 = 6\Omega$，$U = 20V$。求 R_2 消耗的功率。

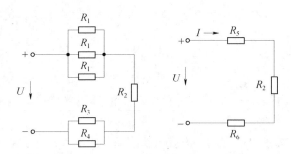

图1-25　混联电路及其等效电路

解：
$$R_5 = \frac{R_1}{3} = \frac{6\Omega}{3} = 2\Omega$$

$$R_6 = \frac{R_3 R_4}{R_3 + R_4} = \frac{3 \times 6\Omega}{3 + 6} = 2\Omega$$

$$I = \frac{U}{R_5 + R_2 + R_6} = \frac{20}{2 + 6 + 2}A = 2A$$

$$P_{R2} = U_{R2} I = I R_2 I = I^2 R_2 = 2^2 \times 6W = 24W$$

【例1-8】　某地用了20盏220V、60W的灯泡用于照明，照明地点到电源的导线长度为100m，若导线每米的电阻为 0.02Ω，求电线损耗的功率。

解：导线的电阻为

$$R_{线} = 100 \times 2 \times 0.02\Omega = 4\Omega \qquad （相线和零线各一根）$$

每个灯泡的电阻

$$R_{灯} = \frac{U}{I} = \frac{U}{P/U} = \frac{U^2}{P} = \frac{220^2}{60} \Omega \approx 807\Omega$$

而这 20 盏灯泡的额定电压都是 220V，所以这些灯泡应采用并联连接，由例 1−5 可知，此时的并联总电阻为

$$R_{灯总} = \frac{R_{灯}}{20} = \frac{807}{20} \Omega \approx 40\Omega$$

流过导线的电流为电路的总电流，该电流为

$$I = \frac{U}{R_{灯总} + R_{线}} = \frac{220}{40 + 4} A = 5A$$

根据欧姆定律，导线上的电压为

$$U_{线} = IR_{线} = 5 \times 4 V = 20V$$

则导线上消耗的功率

$$P = U_{线} I = 20 \times 5 W = 100W$$

如果照明灯只有两盏，则总电流和导线上的电压分别为

$$I = \frac{U}{R_{灯总} + R_{线}} \approx \frac{220}{403 + 4} A \approx 0.5A$$

$$U_{线} = IR_{线} = 0.5 \times 4 V = 2V$$

则导线上消耗的功率

$$P = U_{线} I = 2 \times 0.5 W = 1W$$

由以上计算可知，电路中的电流越大，导线损耗的功率越大。在工程上常用高压输电，就是要减小传输电流，降低导线上的能量损耗。

三、电热

英国物理学家焦耳，经过长期实验研究后提出焦耳定律。

（1）内容：电流通过导体产生的热量，跟电流强度的平方、导体电阻和通电时间成正比。

（2）电热的计算公式为

$$Q = I^2 R t$$

（3）产生电热的原因。在金属导体中，除了自由电子，还有金属正离子。在电场力的作用下，做加速定向移动的自由电子要频繁地与离子发生碰撞，并把定向移动的动能传递给离子，使离子的热运动加剧。平均起来看，可以认为大量自由电子以某一不变的速率定向移动。可见，在电阻元件中通过自由电子与离子的碰撞，电能完全转化成内能。

焦耳（1818−1889）

在两种电路中电热的计算方法如下。

1）纯电阻电路——只含有纯电阻的电路，如电炉、白炽灯等。

电流做的功全部转化为内能 $W_{电} = P_{内}$，即 $P_{电} = P_{内}$

2）非纯电阻电路——电路中含有电动机在转动或电解槽在发生化学反应的电路。

以电动机为例：电流做的功一部分转化为内能，主要的一部分转化为机械能，$W_电=W_内+W_机$，即 $P_电=P_内+P_机$。

4. 电功和电热的联系与区别

(1) 功是能量转化的量度。同样，电功是电能转化为其他形式能的量度，电热是电能转化为其他形式能的量度，因此，电功的定义式为 $W=UIt$，电热的定义式是 $Q=I^2Rt$。

(2) 从能量转化的角度分析，电功与电热的数量关系为：$W \geqslant Q$，即 $UIt \geqslant I^2Rt$。

在纯电阻电路中，$W=Q=UIt=I^2Rt=U^2/R$ 选任一形式即可。

在非纯电阻电路中，只能用 $W=UIt$ 计算电功，只能用 $Q=I^2Rt$ 计算电热。

5. 电功率和热功率

(1) 区别：电功率是指输入某段电路的全部电功率，或这段电路上消耗的全部电功率，决定于这段电路两端电压 U 和通过的电流 I 的乘积。

热功率是指在这段电路上因发热而损失的功率，其大小决定于通过这段导体中电流强度的平方和导体电阻的乘积。

(2) 联系：对于纯电阻电路，电功率等于热功率，计算时可用 $P=IU=I^2R=U^2/R$ 的任一形式进行计算。

对于非纯电阻电路，电路消耗的电功率等于热功率与机械功率等其他形式的功率之和，即电功率大于热功率，计算时只能用 $P=IU$ 计算电功率，用 $P=I^2R$ 计算热功率。

【例 1－9】 把一根长为 L 的电炉丝接到 220V 的电路中用它来烧沸一壶水，需时间为 t，若将此电炉丝均匀的拉长，使半径减小为原来的一半，而后再剪掉长为 L 的一段，再将余下的电炉丝接到同样的电路中，仍用它烧沸一壶同样的水，则需时间_____。

解析： 由电阻定律可知，此电阻丝阻值变为原来的 12 倍，在电压不变的情况下，功率变为原来的 1/12，烧沸同一壶水，需要电功相同，则时间变为原来的 12 倍，故答案为 12t。

【例 1－10】 额定电压都是 110V，额定功率 $P=100$W，$P=40$W 的电灯两盏，若接在电压是 220V 的电路上，使两盏电灯均能正常发光，则电路中消耗功率最小的是图 1－26 中的哪一个？

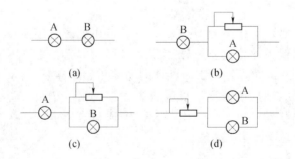

图 1－26 额定电压实验电路

解析： 判断灯泡能否正常发光，就要判断电压是否是额定电压，或电流是否是额定电流。

由 $P=U^2/R$ 和已知条件可知，$R_A < R_B$。

22

对于（a）电路，由于 $R_A < R_B$，所以 $U_B > 110V$，灯被烧毁，两灯不能正常发光。

对于（b）电路，由于 $R_A < R_B$，R_A 又并联变阻器，并联电阻更小于 R_A，所以 $U_B > U_A$，B 灯被烧毁。

对于（c）电路，B 灯与变阻器并联电阻可能等于 R_A，所以可能 $U_A = U_B = 110V$，两灯可能正常发光。

对于（d）电路，若变阻器的有效电阻等于 A、B 的并联电阻，$U_A = U_B = 110V$，两灯可能正常发光。

比较（c）、（d）两个电路，由于（c）电路中变阻器功率为 $(I_A - I_B) \times 110$，而（d）电路中变阻器功率为 $(I_A + I_B) \times 110$，所以（c）电路消耗电功率最小。

【例 1-11】 一只灯泡的功率为 60W，另一只灯泡的功率为 20W，额定电压都是 220V，求两只灯泡的额定电流及正常发光时的电阻。

$$I_{N1} = \frac{P_{N1}}{U_N} = \frac{60}{220}A \approx 0.27A$$

$$R_1 = \frac{U_N}{I_{N1}} = \frac{220}{0.27}\Omega \approx 815\Omega$$

$$I_{N2} = \frac{P_{N2}}{U_N} = \frac{20}{220}A \approx 0.09A$$

$$R_2 = \frac{U_N}{I_{N2}} = \frac{220}{0.09}\Omega \approx 2444\Omega$$

由以上计算可以发现，在电压相同的情况下，功率大的灯泡电阻较小，电流较大。

【例 1-12】 在上题中，若每只灯泡每天用电 2h，一个月用电 30 天，求一个月用了多少电能？

$$P_N = P_{N1} + P_{N2} = 80W = 0.08 \text{ kW}$$

$$W = Pt = 0.08kW \times 2h \times 30 = 4.8 \text{ kW·h}$$

【探究活动】

调查电路设计中采用了哪些方法来减小导线上的电能损耗。

任务四　复杂直流电路的研究

知识链接一　复杂直流电路

一、节点、回路

如图 1-27 所示，根据支路的概念可知，在 AB 两点间，无分支的电路有三条，故 AB 之间有三条支路。三条或三条以上支路的汇聚点叫节点，故 AB 两点都是节点。

在图 1-27 中，R_1、R_3、U_{S1}、I_S 四个元件构成了一个闭合电路，R_2、R_3、I_S、U_{S2} 及 R_1、U_{S1}、U_{S2}、R_2 也分别构成了闭合电路，这些闭合电路都称为回路。

二、复杂直流电路

在图 1-28 所示电路中，如果 R_1 与 R_2 所串联的电源 U_{S1}、U_{S2} 用短路线取代，则 R_1、R_2、R_3 为并联关系，可用电阻 R_{AB} 取代。但现在 R_1、R_2 分别与 U_{S1}、U_{S2} 串联，就无法直接用串并联的知识来分析求解电路。这样的直流电路称为复杂直流电路。

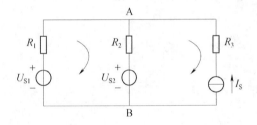

图 1-27　复杂直流电路的
节点、支路与回路

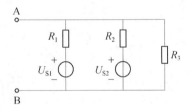

图 1-28　复杂直流电路的节点、
支路与回路

研究一　基尔霍夫电流定律的仿真

用 Proteus 仿真软件（因后续学习单片机必须要用此软件进行仿真调试，故在此次电路仿真中采用 Proteus 软件）搭接如图 1-29 所示电路（Proteus 仿真软件见本任务知识拓展一），规定各个支路的电流方向如图中所示，这个方向称为参考方向。

（1）从 Proteus 库中选取元器件，元器件明细表如表 1-9 所示。

表 1-9　　　　　　　　　　　　　　元器件明细

元器件名称	所属类	所属子类	标识	值
RES	DEVICE	Generic	R	
BATTERY	ACTIVE	Sources	BAT	

（2）放置元器件、放置电源和地、连线、器件属性设置、电气检测，所有操作是在 I-SIS 中进行。

（3）连好电路图，如图 1-29 所示，依据结点 B 处各支路电流的参考方向设置直流电流表。

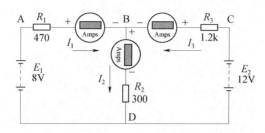

图 1-29　验证基尔霍夫电流定律电路图

（4）单击运行按钮 ▶，启动仿真，输入适当的参数，使电流表的读数为 1～10A，并将读数记录在表 1-10 中。记录时注意以下两点。

1）若电流表读数为负，则表示电流实际方向与图示参考方向相反（应及时调换电流表正负极的接线位置），填写时要在读数前加上一个负号。

2）流入节点 A 的电流取正号，流出节点 B 的电流取负号。数据处理要求：根据实验数据，选定节点 B，验证基尔霍夫电流定律的正确性。

表 1-10　　　　　　　　　基尔霍夫电流定律实验结果

被测值	I_1/mA	I_2/mA	I_3/mA	U_1/V	U_2/V	U_3/V	U_{AB}/V	U_{AD}/V	U_{CD}/V	U_{BD}/V
计算值										
测量值										
相对误差										

研究二　基尔霍夫电压定律的仿真

（1）用 Proteus 仿真软件搭接如图 1-30 所示电路，根据回路 1 和回路 2 的顺时针方向，在图中标出各电阻上的电压方向。

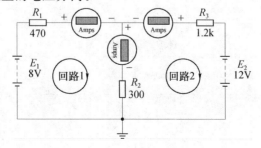

图 1-30　验证基尔霍夫电压定律电路图

（2）设置仿真时显示电流的方向，选择按钮"SYSTEM（系统）"→"SET Anima-ted Options（设置动画选项）"，打开"设置动画选项"对话框进行设置。

（3）单击运行按钮 ▶ ，启动仿真。

（4）读出电压表的读数，并填入表1-11中，并求ΣU。填写时，读数的"+、-"号取决于回路的绕行方向，回路绕行方向与元件电压图示方向（参考方向）一致时，元件电压取"+"，反之取"-"。

表1-11　　　　　　　　　　　基尔霍夫电流定律实验结果

	U_1/V	U_2/V	U_3/V	E_1/V	E_2/V	ΣU/V	
						回路1	回路2
计算值				8	12		
测量值							

从以上实验数据分析，能够得出什么样的结论？

研究三　验证叠加定理的仿真

（1）按图1-31所示电路连接好仿真电路，两只双刀双掷开关SW_1和SW_2用于切换两路直流电源接入电路或被短路。双刀双掷开关由两只单刀双掷开关串联而成，它们属于开关和延迟元件库中，可通过"Switches & Relays"→"SW-DPDT"找到。

（2）依据结点处各支路电流的参考方向设置是电流表和电压表，分别按动开关SW_1和开关SW_2，分析两直流电源单独作用和共同作用时各支路电流I_1、I_2、I_3以及各电压，将各电流表和电压表中的数值记录在表1-12中。

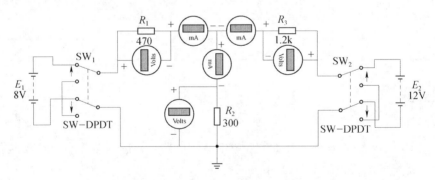

图1-31　验证叠加定理电路图

表1-12　　　　　　　　　　　　　叠加定理实验结果

测值项目 实验内容	U_1/V	U_2/V	U_3/V	I_1/mA	I_2/mA	I_3/mA	U_{AB}/V	U_{CD}/V	U_{AD}/V	U_{DE}/V
U_1 单独作用										
U_2 单独作用										
U_1、U_2 共同作用										

根据实验数据表格，进行分析、比较，归纳、总结实验结论，即验证线性电路的叠加定理。各电阻器所消耗的功率能否用叠加原理计算得出？试用上述实验数据，进行计算并得出结论。

研究四 **实际电流源与电压源等效变换的实训研究**

在 Proteus 软件中连接图 1-32 所示电路。两个电路中 R_L 两端的电压与通过的电流相等时，电流源与电压源对 R_L 而言是等效的。为此，调节图 1-32（a）中的 U_S，使两个电路中 R_L 的电压 U_L 与通过的电流 I 均相等，并完成表 1-13。

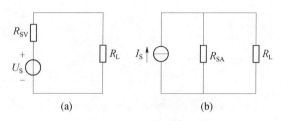

图 1-32　电压源与电流源的等效变换
(a) 电压源；(b) 电流源

表 1-13　　　　　　　　　　电流源、电压源的等效变换实验结果

电流源				电压源				等效条件	结论
I	U_L	I_S	R_{SA}	I	U_L	U_S	R_{SV}		
								$R_{SA}=R_{SV}$，I_S 不变，调 U_S	
								保持 I_S、U_S、R_{SA} 不变，调 R_{SV}	

通过仿真实训，可以得到电流源与电压源等效变换条件为

$$I_S = \frac{U_S}{R_{SA}} = \frac{U_S}{R_{SV}}$$

$$R_{SA} = R_{SV}$$

即电流源与电压源等效变换满足上式，且变换前后电源内阻不变。这种等效变换是对外电路（如负载）而言的，对电源内部是不等效的。

研究五 **戴维南定理的实验研究**

(1) 在 Proteus 软件中连接图 1-33 所示电路，根据电路中的电流 I_O 和 U_O 的参考方向设置直流电流表和直流电压表。

(2) 测量负载电阻 R_L 的端电压 U_O 和通过的电流 I_O。将结果记入表 1-14 中。

(3) 将负载电阻 R_L 移出，测量电路的开路电压 U_{OC}。将结果记入表 1-14 中。

(4) 令直流电源 $U_I=0$，测量电路的等效内阻 R_O。将结果记入表 1-14 中。

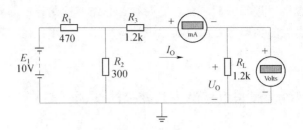

图 1-33　验证戴维南定理电路图

表 1-14　　　　　　　　　戴维南定理实验结果

	原电路		等效电路			
	U_O/V	I_O/mA	U_{OC}/V	$R_O/K\Omega$	U_O/V	I_O/mA
估算值						
仿真值						

（5）将开路电压 U_{OC} 和等效内阻 R_O 构成戴维南等效电路，并接入原负载电阻 R_L，如图 1-34 所示，再次测量负载电阻 R_L 的端电压 U_O 和流经的电流 I_O，将测试结果记入表 1-14 中。对比原电路和等效电路的测量结果，验证戴维南定理的正确性。

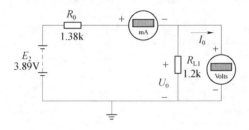

图 1-34　戴维南定理验证实验等效电路

知识链接二　　基尔霍夫定律

一、基尔霍夫电流定律

由研究一可得：在任一瞬间，流入与流出一个节点的电流代数和等于零，即 $\sum I = 0$ 这就是基尔霍夫电流定律。基尔霍夫电流定律是求解复杂电路的一个重要定律，常简写成"KCL"。

二、基尔霍夫电压定律

由研究二可得：在任一瞬间沿任一回路的电压代数和等于零，即 $\sum U = 0$，这就是基尔霍夫电压定律。基尔霍夫电压定律是求解复杂直流电路的又一个重要定律，常简写成"KVL"。

知识链接三　电压源与电流源

案例 蓄电池是一种常见的电源，它多用于汽车、电力机车、应急灯等，图1-35是汽车照明灯的电气原理图。其中，R_A、R_B是一对汽车照明灯；S是开关；U_S是12V的蓄电池。

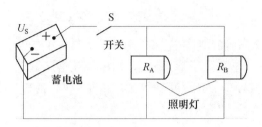

图 1-35　汽车照明灯电气原理图

常见的电源还有发电机、干电池和各种信号源。凡是向电路提供能量或信号的设备称为电源。电源有两种类型，其一为电压源，其二为电流源。电压源的电压不随其外电路而变化，电流源的电流不随其外电路而变化，因此，电压源和电流源总称为独立电源，简称独立源。

一、电压源

1. 理想电压源

（1）理想电压源简称为电压源，是一个二端元件，它有两个基本特点。

1）无论它的外电路如何变化，它两端的输出电压为恒定值U_s，或为一定时间的函数$u_s(t)$。

2）通过电压源的电流虽是任意的，但仅由它本身是不能决定的，还取决于与之相连接的外部电路，有时甚至完全取决于外电路。

电压源在电路图中的符号如图1-36（a）所示，其电压用u_s表示。若$u_s(t)$的大小和方向都不随时间变化称为直流电压源，其电压用U_s表示。图1-36（b）是直流电压源的另一种符号，且长线表示参考正极性，短线表示参考负极性。

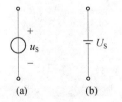

图 1-36　电压源符号

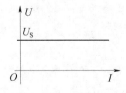

图 1-37　电压源伏安特性

29

2. 直流电压源的伏安特性

如图 1-37 所示，它是一条以 I 为横坐标且平行于 I 轴的直线，表明其电流出外电路决定，不论电流为何值，直流电压源端电压总为 U_s。

$u_s(t) = 0$ 的电压源是电压保持为零、电流由其外电路决定的二端元件，因此，$u_s(t) = 0$ 的电压源可相当于 $R = 0$ 的电阻元件。在实际应用中，可以用一条短路导线来代替 $u_s(t) = 0$ 的电压源。

同样，在实际应用中，不能将 $u_s(t)$ 不相等的电压源并联，也不能将 $u_s(t) \neq 0$ 的电压源短路。

3. 实际电压源

电压源这种理想二端元件实际上是不存在的。实际的电压源，其端电压都是随着电流的变化而变化的。例如，当电池接通负载后，其电压就会降低，这是因为电池内部存在电阻的缘故。由此可见，实际的直流电压源可用数值等于 U_s 的理想电压源和一个内阻 R_i 相串联的模型来表示，如图 1-38 所示。

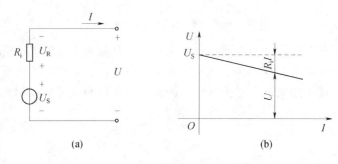

(a)   (b)

图 1-38　实际电压源及伏安特性

(a) 实际电压源；(b) 伏安特性

二、电 流 源

1. 理想电流源

理想电流源简称为电流源，是一个二端元件，它有如下两个基本特点。

(1) 无论它的外电路如何变化，它的输出电流为恒定值 I_s，或为一定时间的函数 $i_s(t)$。

(2) 电流源两端的电压虽是任意的，但仅由它本身是不能决定的，还取决于与之相连接的外部电路，有时甚至完全取决于外电路。

2. 电流源在电路图中的符号及其伏安特性

如图 1-39 所示，表明其端电压由外电路决定，不论其端电压为何值，直流电流源输出电流总为 I_s。

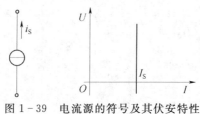

图 1-39　电流源的符号及其伏安特性

3. 实际电流源

电流源这种理想二端元件实际上是不存在的。实际的电流源，其输出的电流是随着端电压的变化而变化的。例如，光电池在一定照度的光线照射下，被光激发产生的电流，并不能全部外流，其中的一部分将在光电池内部流动。由此可见，实际的直流电流源可用数值等于 I_S 的理想电流源和一个内阻 R_i' 相并联的模型来表示，如图 1 - 40 所示。

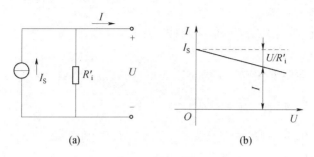

图 1 - 40　实际电流源及其伏安特性
(a) 实际电压源；(b) 伏安特性

电路仿真软件简介

一、**Proteus 软件介绍**

1. 软件介绍

(1) Proteus 软件具有其他 EDA 工具软件（例：multisim）的功能。这些功能如下。

1) 原理布图。

2) PCB 自动或人工布线。

3) SPICE 电路仿真。

(2) Proteus 软件的特点。

1) 互动的电路仿真。

2) 仿真处理器及其外围电路。

(3) 具有 4 大功能模块。

1) 智能原理图设计（ISIS）。

2) 完善的电路仿真功能（Prospice）。

3) 独特的单片机协同仿真功能（VSM）。

4) PCB 设计功能。

(4) Proteus 提供了丰富的资源。

1) Proteus 可提供的仿真元器件资源：仿真数字和模拟、交流和直流等数千种元器件，有 30 多个元件库。

2) Proteus 可提供的仿真仪表资源：示波器、逻辑分析仪、虚拟终端、SPI 调试器、I^2C 调试器、信号发生器、模式发生器、交直流电压表、交直流电流表。理论上同一种仪器可以在一个电路中随意的调用。

3）除了现实存在的仪器外，Proteus还提供了一个图形显示功能，可以将线路上变化的信号，以图形的方式实时地显示出来，其作用与示波器相似，但功能更多。这些虚拟仪器仪表具有理想的参数指标，例如极高的输入阻抗、极低的输出阻抗。这些都尽可能减少了仪器对测量结果的影响。

4）Proteus可提供的调试手段：Proteus提供了比较丰富的测试信号用于电路的测试。这些测试信号包括模拟信号和数字信号。

2. Proteus 软件的安装与运行

Proteus软件的安装请参考附带软件内的说明文档（此处略）。

二、Proteus 界面认识

1. 界面认识

在桌面上选择"开始"→"程序"→"Proteus 7 Professional"，单击蓝色图标"ISIS 7 Professional"打开应用程序，如图1-41所示。

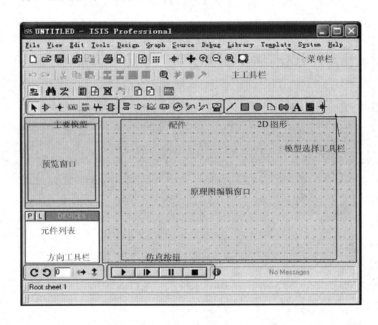

图1-41　Proteus ISIS 主窗口界面

（1）主工具栏包括File工具栏、View工具栏、Edit工具栏和Design工具栏等。每个工具栏的打开与关闭，可通过ViewToolbars...命令进行设置，如图1-42所示。

File　View　Edit　Tools　Design　Graph　Source　Debug　Library　Template　System　Help

图1-42　主工具栏

（2）原理图编辑窗口（Editing）。

1）通过左键单击预览窗口上的一个点，能以该点为中心重新定位编辑窗口。

2）通过在编辑窗口移动鼠标，同时按下 Shift 键，用鼠标轻触编辑窗口的边框。

3）通过指向编辑窗口同时按下 ZOOM 键，这将在中心重新定位显示光标的位置。

4）使用工具栏的移动图标。

（3）模型选择工具栏（Mode）。

1）主要模型（Main）。

① Selection Mode：用于选中元器件。

② Component：选择元器件。

③ Junction Dot：放置连接点。

④ Wire Label：放置标签。

⑤ Text Script：放置脚本。

⑥ Buses：用于绘制总线。

⑦ Subcircuit：绘制子电路块。

2）配件（Gadgets）。

① Terminals：终端，对象选择列出各种终端。

② Device Pins：器件引脚，对象选择列出各种引脚。

③ Graph：图表，对象选择列出各种仿真分析所需的图表。

④ Tape Recorder：录音机，对设计电路分割仿真时采用此模式。

⑤ Generator：信号发生器，对象选择列出各种激励源。

⑥ Voltage Probe：电压探针，可显示各探针处的电压值。

⑦ Current Probe：电流探针，可显示各探针处的电流值。

⑧ Virtual Instruments：虚拟仪器，对象选择列出各种虚拟仪器。

3）2D 图形（2D）。

① 2D Graphics Line：画各种直线。

② 2D Graphics Box：画各种方框。

③ 2D Graphics Circle：画各种圆。

④ 2D Graphics Arc：画各种圆弧。

⑤ 2D Graphics Closed Path：画各种多边形。

⑥ 2D Graphics Text：画各种文本。

⑦ 2D Graphics Symbols：画符号。

⑧ 2D Graphics Markers：画原点。

（4）方向工具栏（Orientation）。

1）顺时针/逆时针旋转（Rotate Clockwise/Rotate Anti－Clockwise）：旋转角度只能是 90 的整数倍。可以用数字键盘的"＋"或"－"键完成元器件的顺时针或逆时针 90°。

2）镜像（X－Mirror/Y－Mirror）：完成水平镜像和垂直镜像。先右键单击元件选中元器件，再左键单击相应的旋转按钮。可以用快捷键 Ctrl ＋ M 完成元器件的水平镜像。

（5）仿真工具栏。

1）Play：运行。

2) Step：单步运行。

3) Pause：暂停。

4) Stop：停止。

2. 主窗口菜单

(1) File（文件）。

1) New（新建）　新建一个电路文件

2) Open（打开）　打开一个已有电路文件

3) Save（保存）　将电路图和全部参数保存在打开的电路文件中

4) Save As（另存为）　将电路图和全部参数另存在一个电路文件中

5) Print（打印）　打印当前窗口显示的电路图

6) Page Setup（页面设置）　设置打印页面

7) Exit（退出）　退出 Proteus ISIS

(2) Edit（编辑）。

1) Rotate（旋转）　旋转一个欲添加或选中的元件

2) Mirror（镜像）　对一个欲添加或选中的元件镜像

3) Cut（剪切）　将选中的元件、连线或块剪切入裁剪板

4) Copy（复制）　将选中的元件、连线或块复制入裁剪板

5) Paste（粘贴）　将裁切板中的内容粘贴到电路图中

6) Delete（删除）　删除元件，连线或块

7) Undelete（恢复）　恢复上一次删除的内容

8) Select All（全选）　选中电路图中全部的连线和元件

(3) View（查看）。

1) Redraw（重画）　重画电路

2) Zoom In（放大）　放大电路到原来的两倍

3) Zoom Out（缩小）　缩小电路到原来的 1/2

4) Full Screen（全屏）　全屏显示电路

5) Default View（缺省）　恢复最初状态大小的电路显示

6) Simulation Message（仿真信息）　显示/隐藏分析进度信息显示窗口

7) Common Toolbar（常用工具栏）　显示/隐藏一般操作工具条

8) Operating Toolbar（操作工具栏）　显示/隐藏电路操作工具条

9) Element Palette（元件栏）　显示/隐藏电路元件工具箱

10) Status Bar（状态信息条）　显示/隐藏状态条

(4) Place（放置）。

1) Wire（连线）　添加连线

2) Element（元件）　添加元件

①Lumped（集总元件）　添加各个集总参数元件

②Microstrip（微带元件）   添加各个微带元件

③S Parameter（S 参数元件）   添加各个 S 参数元件

④Device（有源器件）   添加各个三极管、FET 等元件

3）Done（结束）   结束添加连线、元件

（5）Parameters（参数）。

1）Unit（单位）   打开单位定义窗口

2）Variable（变量）   打开变量定义窗口

3）Substrate（基片）   打开基片参数定义窗口

4）Frequency（频率）   打开频率分析范围定义窗口

5）Output（输出）   打开输出变量定义窗口

6）Opt/Yield Goal（优化/成品率目标）打开优化/成品率目标定义窗口

7）Misc（杂项）   打开其他参数定义窗口

（6）Simulate（仿真）。

1）Analysis（分析）   执行电路分析

2）Optimization（优化）   执行电路优化

3）Yield Analysis（成品率分析）   执行成品率分析

4）Yield Optimization（成品率优化）执行成品率优化

5）Update Variables（更新参数）   更新优化变量值

6）Stop（终止仿真）   强行终止仿真

（7）Result（结果）。

1）Table（表格）   打开一个表格输出窗口

2）Grid（直角坐标）   打开一个直角坐标输出窗口

3）Smith（圆图）   打开一个 Smith 圆图输出窗口

4）Histogram（直方图）   打开一个直方图输出窗口

5）Close All Charts（关闭所有结果显示）关闭全部输出窗口

6）Load Result（调出已存结果）   调出并显示输出文件

7）Save Result（保存仿真结果）   将仿真结果保存到输出文件

（8）Tools（工具）。

1）Input File Viewer（查看输入文件）启动文本显示程序显示仿真输入文件

2）Output File Viewer（查看输出文件）启动文本显示程序显示仿真输出文件

3）Options（选项）   更改设置

（9）Help（帮助）。

1）Content（内容）   查看帮助内容

2）Elements（元件）   查看元件帮助

3）About（关于）   查看软件版本信息

3. 表格输出窗口（Table）菜单

（1）File（文件）。

1）Print（打印）   打印数据表

2）Exit（退出）   关闭窗口

（2）Option（选项）。

Variable（变量）   选择输出变量

4. 方格输出窗口（Grid）菜单

（1）File（文件）。

1）Print（打印）   打印曲线

2）Page Setup（页面设置）   设置打印页面

3）Exit（退出）   关闭窗口

（2）Option（选项）。

1）Variable（变量）   选择输出变量

2）Coord（坐标）   设置坐标

5. Smith 圆图输出窗口（Smith）菜单

（1）File（文件）。

1）Print（打印）   打印曲线

2）Page Setup（页面设置）   设置打印页面

3）Exit（退出）   关闭窗口

（2）Option（选项）。

Variable（变量）   选择输出变量

6. 直方图输出窗口（Histogram）菜单

（1）File（文件）。

1）Print（打印）   打印曲线

2）Page Setup（页面设置）   设置打印页面

3）Exit（退出）   关闭窗口

（2）Option（选项）。

Variable（变量）   选择输出变量

用鼠标左键单击界面左侧预览窗口下面的"P"按钮，如图1-43所示，弹出"Pick Devices"（元件拾取）对话框。元件通常以其英文名称或器件代号在库中存放。把元件名的全称或部分输入到 Pick Devices（元件拾取）对话框中的"Keywords"栏，在中间的查找结果"Results"中显示所有电容元件列表，用鼠标拖动右边的滚动条，出现灰色标示的元件即为找到的匹配元件。

三、Proteus 的基本操作

1. 对象的基本操作

（1）选取对象，如图1-44所示。

（2）放置对象，如图1-45所示。

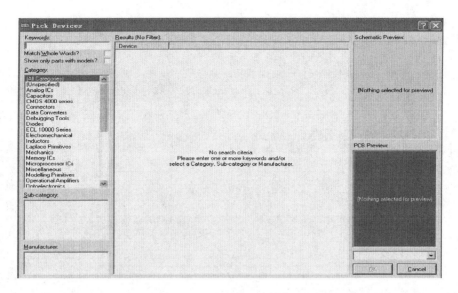

图 1-43　元件拾取对话框

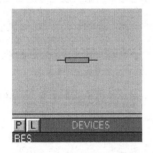

图 1-44　元器件的添加

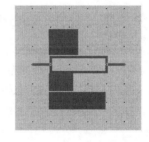

图 1-45　元器件的放置

（3）选中对象，如图 1-46 和 1-47 所示。

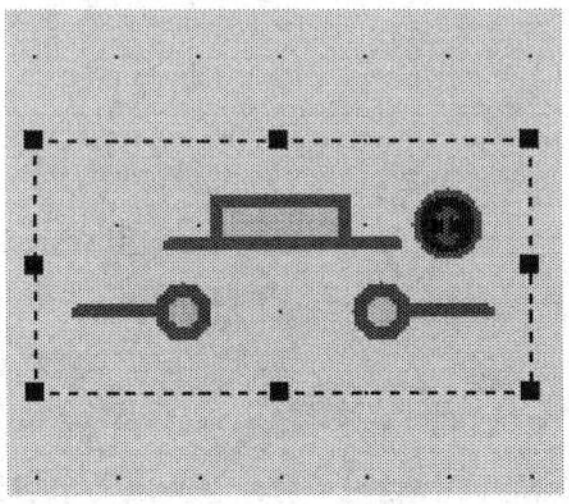

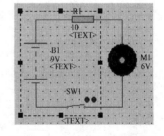

图 1-46　对活动器件的选择

图 1-47　对一组对象的选择

（4）删除对象。用鼠标选中对象，然后按 Delete 键删除对象。或者直接在要删除的对象上单击右键，弹出的下拉式菜单中，选择 Delete Objecelete 选项。

如果有误删除操作，可以按 Ctrl＋Z 快捷键，或点击图标取消。也可以在菜单栏 Edit 中选择 Undelete 取消操作。

（5）调整对象的方向。选中对象，单击按钮"＋"可以使对象顺时针方向旋转 90°。

单击按钮"—",可以使对象逆时针方向旋转90°。

（6）编辑对象，如图1-48所示。

（7）编辑网络标签，如图1-49所示。

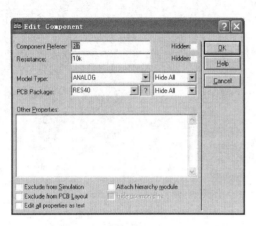

图1-48　Edit Component 对话框

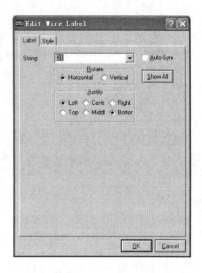

图1-49　Edit Wire Label 对话框

（8）复制所有选中的对象。选中需要的对象，单击 Copy 按钮，把复制的轮廓拖到需要的位置。单击左键放置复制的对象。

（9）移动所有选中的对象。选中需要的对象。将所选的对象拖到需要的位置。或者按 Move 按钮，单击左键放置。

2. 导线的基本操作

（1）单击第一个元器件的连接点，移动鼠标，此时会在连接点引出一根导线。

（2）如果想要 Proteus ISIS 自动写出直线路径，只需单击另一个连接点，如图1-50所示。

（3）使用连接点连接导线，如图1-51所示。

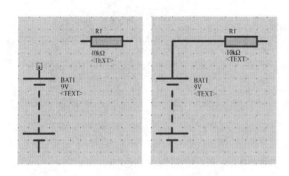

图1-50　导线的连接

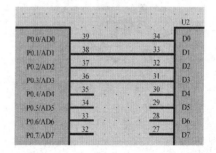

图1-51　绘制相同走线的导线

（4）线路自动路径器。线路自动路径器为用户省去了必须标明每根线的具体路径的麻烦。自动接线功能默认是打开的。

如果用户只在两个连接点单击,自动接线将选择一个合适的走线方式。但是如果已选择了一个连接点,用户在走线过程中,单击了一个或是多个非连接点后,Proteus ISIS 会认为用户是在手动定线,如图 1-52 所示。

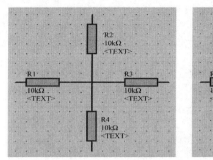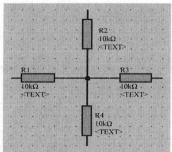

图 1-52　连接点的应用

（5）移动导线。选择按钮,然后将鼠标移至导线的上方,单击左键,光标会变成一个双向箭头,然后移动鼠标,如图 1-53 所示。

（6）绘制总线,如图 1-54 所示。

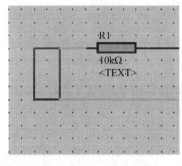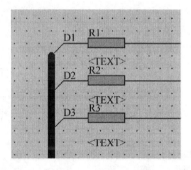

图 1-53　移动导线　　　　　　　　图 1-54　绘制总线

3. 设置、修改元器件的属性

Proteus 库中的元器件都有相应的属性,要设置、修改它的属性,可在 ISIS 编辑区在该元器件上双击左键后,就打开了其属性窗口,这时可在属性窗口中设置、修改它的属性。如电阻 R1,在 R1 上双击左键即可打开其属性窗口。图 1-55 中,已将电阻值修改为 10k。

4. 电气检查

设计电路完成后,单击电气检查按钮 ,会出现检查结果窗口,如图 1-56 所示。窗口前面的是一些文本信息,其后是电气检查结果列表,若有错,会有详细的说明。也可通过菜单操作"工具（T）"→"电气检查规则（E）",完成电气检查。

5. 电路仿真

直接单击仿真按钮中的按钮 ▶ ,可以开始全速仿真,单击停止仿真按钮 ■ 可终止仿真。

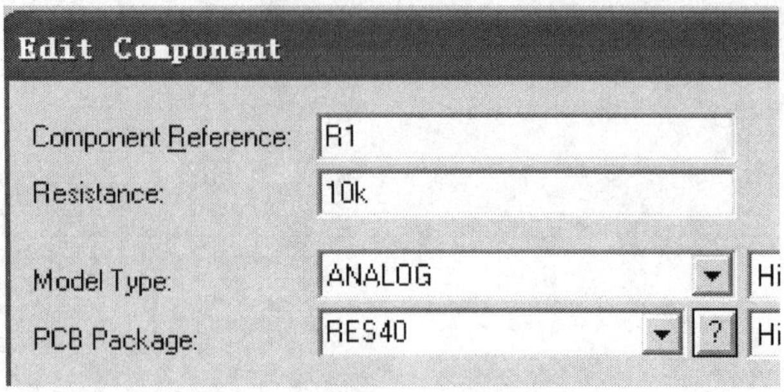

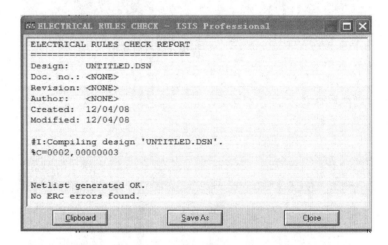

图 1-55　修改元器件属性

图 1-56　检查结果

　虚拟电压表和电流表

一、Proteus VSM 提供了四种电表

分别是 AC Voltmeter（交流电压表）、AC Ammeter（交流电流表）、DC Voltmeter（直流电压表）和 DC Ammeter（直流电流表）。

1. 四种电表的符号

先按下按钮🖰，出现如图 1-57 所示对话框，其中 DC VOLTMETER 为直流电压表，DC AMMETER 为直流电流表，AC VOLTMETER 为交流电压表，AC AMMETER 为交流电流表，电压表是纵向放置的，电流表是横向放置。

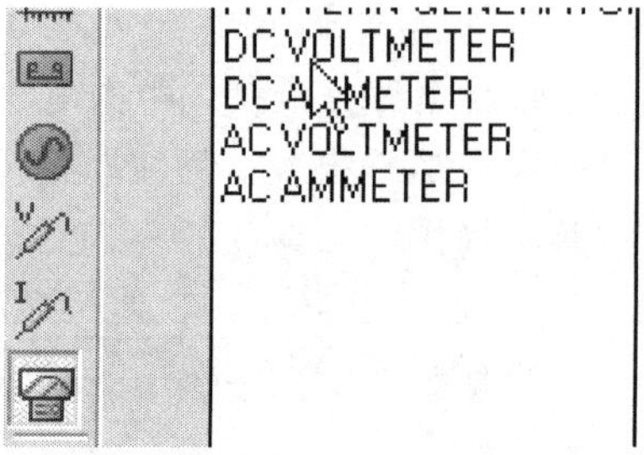

2. 属性参数设置

在元件名称"Component Referee"项给该直流电

图 1-57　电表符号

流表命名为"AM1"，元件值"Component Value"中不填。在显示范围"Display Range"

中有四个选项，用来设置该直流电流表是安培表（Amps）、毫安表（Milliamps）或是微安表（Microamps），默认是安培表。然后单击"OK"按钮即可完成设置。

3. 使用方法

这四个电表的使用方法和实际的交、直流电表一样，电压表并联在被测电压两端，电流表串联在电路中，要注意方向。运行仿真时，直流电表出现负值，说明电表的极性接反了。两个交流表显示的是有效值。

二、电路的动态仿真

首先在主菜单"System"→"Set Animation Options"中设置仿真时电压及电流的颜色及方向。

在随后打开的对话框中，选择"Show Wire Voltage by Colour"和"Show Wire Current with Arrows"两项，即选择导线以红、蓝两色来表示电压的高低，以箭头标示来表示电流的流向。

知识拓展三　叠加定理

叠加定理：含有多个电源作用的线性电路中，电路中任一元件上的电流或电压等于每个电源单独作用在该元件上所产生的电流或电压代数和。

叠加定理是电路研究与分析的又一常用定理，在有几个电源共同作用下的线性电路中，通过一个元器件的电流或其两端的电压，可以看成是由一个电源单独作用时在该元器件上所产生的电流或电压的代数和。具体方法是：一个电源单独作用时，其他的电源必须去掉（电压源短路，电流源开路）；在求电流或电压的代数和时，当电源单独作用时电流或电压的参考方向与共同作用时的参考方向一致时，符号取正，否则取反。

注：叠加定理只适用于线性电路，另外功率是不可以叠加的。

知识链接四　戴维南定理

任何一个线性有源二端网络，对外电路来说，都可以用一条电压源串联电阻的支路来代替。电压源的电压等于有源二端网络的开路电压 U_{oc}，电阻等于该有源二端网络所有独立源为 0 时网络两端的等效内阻 R_i，如我们所研究的电路常常被称作网络。网络中有电源就称作有源网络，没有电源就称作无源网络。有两个输出端的就称作两端网络，如图1-58所示。

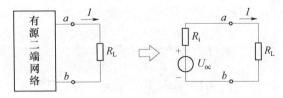

图1-58　戴维南等效电路

任务五　万用表的组装与调试

　万用表电路的分析与研究

万用表是测量交直流电流、电压与电阻的便携式仪表。功能强的万用表还可以测量晶体管的放大倍数。常用的万用表可分为指针式万用表与数字式万用表。指针式万用表可测量以上所提到的这些参数，而数字式万用表除了能测量以上参数外，还可以测量电感、电容等。本项目研究安装的是 MF - 47 型指针式万用表。图 1 - 59 所示是 MF - 47 型指针式万用表的外形，图 1 - 60 是电路原理图，其印制电路板如图 1 - 61 所示。

一、万用表的表头

如图 1 - 59 所示，万用表的表头是一块直流微安表，被测量的电流、电压、电阻等，都会被转换成微安级的直流电流，通过指针的偏转显示被测量的大小，因此表头是不同被测量的共用部分。微安表头有两个重要参数，一个是表头的内阻 R_g，一个是表头的满偏电流 I_g，MF - 47 型万用表的满偏电流（也称量程）是 $46.2\mu A$，内阻为 $2.54k\Omega$。

图 1 - 59　MF - 47 型指针式万用表

二、万用表的电阻测量电路

如图 1 - 62 所示，电路中流过表头的电流为

$$I = \frac{E}{R_g + R_O + R_{RP} + R_x + R_d} = \frac{E}{R_O' + R_x}$$

R_O' 为测量电路戴维南等效电阻。由上式可知，当 $R_x = 0$ 时，电流最大，电流表的指

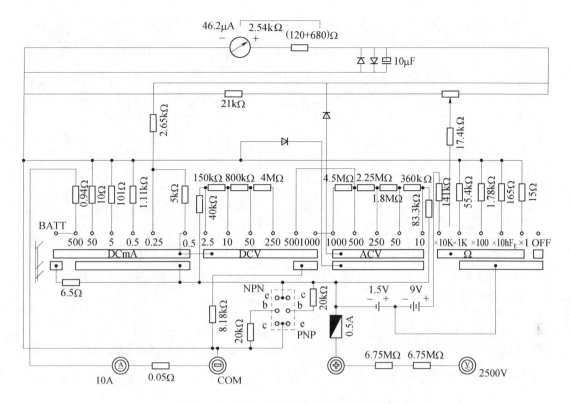

图 1-60 MF-47 型指针式万用表电路图

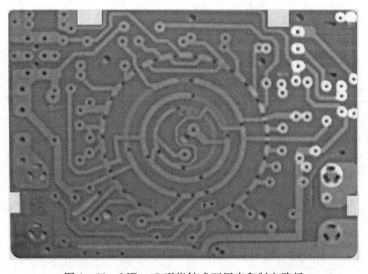

图 1-61 MF-47 型指针式万用表印制电路板

针应指在"0"（最右端）；当 $R_x \to \infty$ 时，指针应在最左端不动，电流为零（相当于断路）。由于 R_x 在分母上，电流随电阻呈非线性变化，所以测电阻的欧姆表刻度是非线性的。

图 1-63 是一实际的测量电阻的电路，R_{P1}（10kΩ）为调零电阻，当 $R_x = 0$ 时（短路），调节 R_{P1}，使万用表指示值为零（调零）。

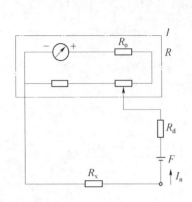

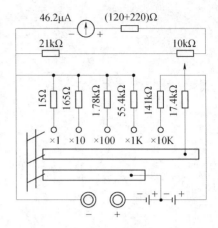

图 1-62　测电阻电路原理图　　　　　　图 1-63　电阻测量电路

该测量电路虽然很复杂，但对于被测电阻 R_x 而言，仍可应用戴维南定理求出其等效电路。电路中的电流为

$$I = \frac{E}{R_O' + R_x}$$

还是可用上式计算的，但 R_o' 已发生了变化。每换一个量程，R_o' 都会变化一次，所以每换一次量程都应调零。

三、万用表的电流测量电路

如图 1-64 所示，将表头通过量程转换开关并联不同的电阻，就构成了多量程电流表。根据并联电阻分流公式可得

$$I_g = \frac{R_x}{R_g + R_x} I$$

假设 $I_g = 46.2\mu A$，则当 $R_x = R_1$ 时，电流表的量程 I 为 5A；当 $R_x = 555\Omega$ 时，电流表的量程为 5mA。选择不同的 R_x，可实现不同的量程，任意量程的电流测量电路都可等效成图 1-65 所示的电路。MF-47 型万用表有 5A、500mA、50mA、5mA、0.5mA、0.05mA 六个量程。

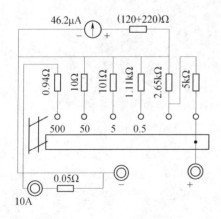

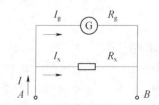

图 1-64　直流电流测量电路　　　　　　图 1-65　直流电流测量原理图

四、万用表直流电压测量电路

如图 1-66 所示，多量程直流电压表由表头串联不同的"电阻组合"构成，每个电阻组合都可等效成电阻 R_x，由串联分压公式可得

$$U_g = I_g R_g = \frac{U R_g}{R_g + R_x}$$

当 $R_x = 15\text{k}\Omega$ 时，量程为 1V；当 $R_x = 15\text{k}\Omega + 30\text{k}\Omega = 45\text{k}\Omega$ 时，量程为 2.5V；当 $R_x = 45\text{k}\Omega + 150\text{k}\Omega = 195\text{k}\Omega$ 时，量程为 10V。

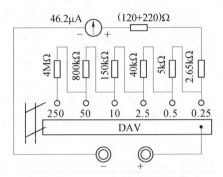

图 1-66　直流电压测量电路

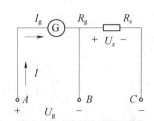

图 1-67　直流电压测量原理图

选择不同的 R_x，可实现不同的量程，任意量程的电压测量电路都可等效成图 1-67 所示的电路。

五、交流电压表

如图 1-68 所示，交流电压正半周通过二极管 VD_1，负半周通过 VD_2，实现全波整流。

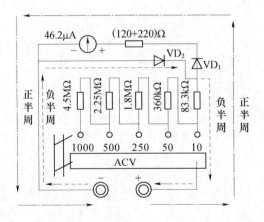

图 1-68　交流电压测量电路

交流电压经整流处理后，测试原理同直流电压。当分压电阻 $R_x = 84\text{k}\Omega$ 时，电压表量程为 10V；当 $R_x = 1.8\text{M}\Omega$ 时，电压表量程为 250V。MF-47 型万用表有 10V、50V、250V、500V、1000V、2500V 等 6 个交流电压量程。

45

MF－47型万用表还可测量晶体管的放大倍数，测量电路由R24、R25、E1等组成，其测量原理在今后的学习中自然就会懂了。

技能训练 组装万用表

一、技能准备

在教师指导下，完成以下技能准备。
（1）万用表的使用；
（2）电阻的识别与检测；
（3）焊接技能训练。

二、检测电阻

先根据色标法找出所需的电阻，并用万用表测量，看测量值是否与标示值相同，若误差偏大应更换。

三、检测二极管

1.二极管的开关特性

二极管是由硅、锗等半导体材料按照一定的工艺技术要求生产的一种电子器件。二极管及其开关特性如图1－69所示，它的一端称为阳极（A），另一端称为阴极（K）。当阴极的电位高于阳极电位时，二极管截止，相当于开关断开；当阳极的电位高于阴极电位时，二极管导通，相当于开关闭合。二极管在MF—47型万用表中用于整流，把正弦交流电变成直流电，如图1－70所示。

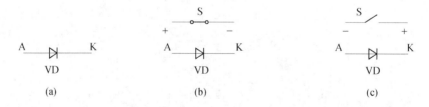

图1－69　二极管及其开关特性

(a) 二极管符号；(b) 二极管导通相当于开关闭合；(c) 二极管截止相当于开关断开

2.二极管的检测

（1）极性判别。如图1－71（a）所示，万用表的黑表笔接二极管的阳极，红表笔接二极管的阴极，即给二极管加正向电压，此时测得的电阻为二极管的正向电阻，这个电阻较小。如图1－71（b）所示，万用表的黑表笔接二极管的阴极，红表笔接二极管的阳极，测得的为二极管的反向电阻，这个电阻很大。

万用表测试挡位：R×100Ω 或 R×1kΩ。

万用表测试方法：将红、黑表笔分别接二极管两端。所测电阻小时，黑表笔接触处为

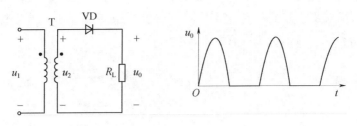

图 1-70 二极管的半波整流电路及波形

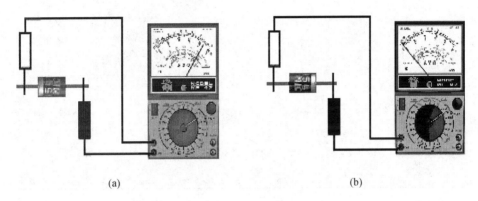

(a)   (b)

图 1-71 万用表检测二极管电路图

正极，红表笔接触处为负极。

（2）质量测定。若正反向电阻均为零，二极管短路；若正反向电阻非常大，二极管开路；若正向电阻几千欧姆，反向电阻非常大，二极管正常；若正反向电阻比较接近，则管子质量差。

四、检测电容

电容是电路中常用的一种元件。在 MF-47 型万用表中用到的一种电容是有极性的电解电容，起滤波作用；另一种电容是无极性的瓷片电容，起交流旁路的作用。

如图 1-72 所示，用万用表的 R×100Ω 或 R×1kΩ 挡，将它的黑表笔接电解电容的正极，红表笔接电解电容的负极，此时万用表的表针会迅速向"0"偏转，然后慢慢地偏转到"∞"附近，说明该电容是好的。测量时，若表针停留在 0Ω 附近，或停在远离"∞"的位置，说明电容性能不好或已损坏，应更换电容。

图 1-72 万用表检测
电容电路图

五、检测万用表表头

如图 1-73 所示，调节 R_P，使之满足 $U_s / (R_P + R_g) = 50\mu A$，求出 R_g。

当 R_g 的计算值与表头参数相符时，说明表头是好的，若误差过大，则应更换表头。

对表头进行调零实验，如图 1-74 所示。调节机械调零旋钮，若表针能左右灵活转动，能准确停在零位，则说明调零装置正常。

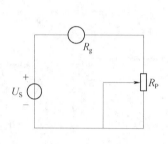

图 1-73　检测万用表表头

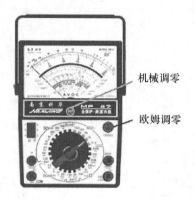

图 1-74　表头机械调零

六、焊接、组装万用表

完成一至五项的电阻、二极管等的检测与技能准备后，就可焊接、组装万用表了。

1. 焊接元器件时的注意事项

(1) 注意保管元器件，不能丢失。

(2) 每焊接一个元器件，都应用万用表再次测量参数，防止错装。

(3) 严格按照技术要求进行焊接，防止铜板脱落、断裂，也要防止因焊接时间过长损坏元器件或虚焊、短路等。

(4) 注意用电安全，遵守安全操作规则。

(5) 文明操作，不损坏公物、器材，节约用电，节约原材料。

(6) 精益求精，虚心请教，互帮互学。

(7) 遵守纪律、保持整洁、卫生。

2. 万用表焊接步骤

(1) 焊接二极管，注意二极管的极性。

(2) 焊接电阻，注意电阻的阻值必须无误。

(3) 焊接电位器、可调电阻和电解电容等，焊接电解电容时注意极性必须正确。

第 (1)、(2)、(3) 步可根据理实一体化教学的需要，按电阻、电流、电压等测量电路的顺序进行安装，把电路安装、技能训练、理论学习有机地结合起来。

(4) 焊接 4 只表笔输入插管（安装时注意垂直）。

(5) 安装和焊接熔断器夹（安装时注意垂直）。

(6) 安装和焊接晶体管插座。先将 6 只晶体管插脚插入插座后，安装到电路板的相应位置，露出插座的插脚部分，分别再穿入电路板的 6 个孔中。插座安装到位后，再将 6 个插脚焊接在电路板上（安装时注意垂直）。

（7）焊接连接线。

3．万用表组装的步骤

（1）安装电路板，将电路板安卡在万用表壳内。

（2）安装1.5V电池夹，用一根红导线和一根黑导线分别焊在1.5V电池夹的焊位上，将两个电池夹卡在面板的卡槽内，注意电池的正负极（接红线的为正极，接黑线的为负极）。将红黑两根引线分别焊到电路板对应的焊盘上。

（3）焊接9V电池扣，将9V电池扣的两根导线分别焊到电路板对应的焊盘上（红正、黑负）。

（4）焊接表头线，注意表头的正负极。

（5）安装转换开关电刷，将电刷安装到转换开关旋钮转轴上，电刷的电极方向应与旋柄的指向一致，用螺母将其固定好。

（6）安装调零电位器旋钮。

（7）安装万用表提把。

（8）安装后盖，用两只螺钉将后盖固定好。

七、调试

万用表组装完成后应进行以下调试工作。

1．机械调零

如图1-74所示，对表头进行调零试验，调节机械调零旋钮，指针能左右灵活旋转，能准确停在零位。

2．电阻调零

如图1-74所示，对每一电阻挡调零。调零时，指针能在0Ω位置左右灵活转动，能准确地停在0Ω位置。

3．误差测试

取一块标准万用表，如数字式万用表，分别在1k、10k及电流、电压挡对给定的电阻、电流、电压进行测量，然后用自装的万用表再次测量这些参数。求出测量绝对误差与相对误差。若相对误差过大（通常相对误差小于5%），则应检测调换相关的电阻。

 知识链接一　电阻的识别与应用

一、电阻的识别

1．电阻的分类、特点及用途

电阻的种类较多，按制作的材料不同，可分为绕线电阻和非绕线电阻两大类。非绕线电阻因制造材料的不同，有碳膜电阻、金属膜电阻、金属氧化膜电阻、实心碳质电阻等。另外还有一类特殊用途的电阻，如热敏电阻、压敏电阻等。

常用电阻的外形、特点与应用如表1-15所示。

表 1-15　　　　　　　　　　常用电阻的外形、特点与应用

名称及实物图	特点与应用
碳膜电阻 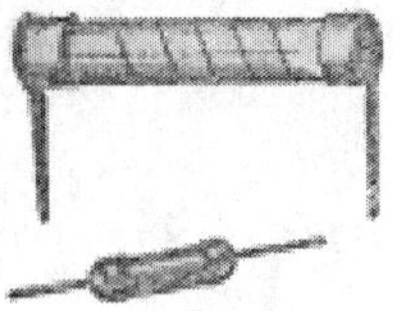	碳膜电阻稳定性较高，噪声也比较低。一般在无线电通信设备和仪表中做限流、阻尼、分流、分压、降压、负载和匹配等用途
金属膜电阻 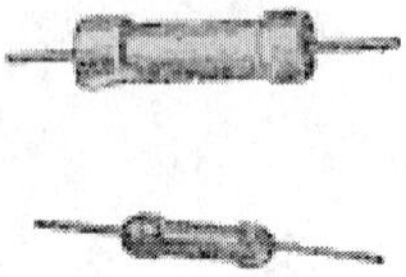	金属膜和金属氧化膜电阻用途和碳膜电阻一样，具有噪声低、耐高温、体积小、稳定性和精密度高等特点
实心碳质电阻 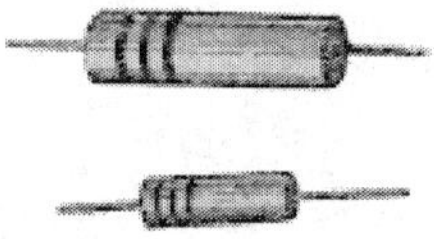	实心碳质电阻的用途和碳膜电阻一样，具有成本低、阻值范围广、容易制作等特点，但阻值稳定性差，噪声和温度系数大
绕线电阻 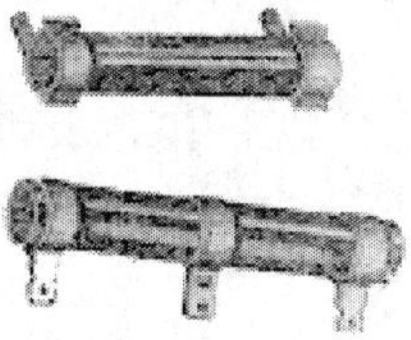	绕线电阻有固定和可调式两种。特点是稳定、耐热性能好、噪声小、误差范围小。一般在功率和电流较大的低频交流和直流电路中做降压、分压、负载等用途。额定功率大都在 1W 以上
电位器 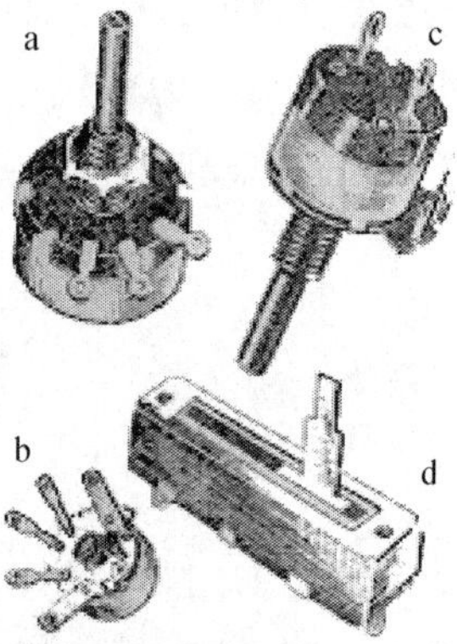	a）绕线电位器阻值变化范围小，功率较大 b）碳膜电位器稳定性较高，噪声较小 c）推拉式带开关碳膜电位器使用寿命长，调节方便 d）直滑式碳膜电位器节省安装位置，调节方便

2. 电阻的类别和型号

随着电子工业的迅速发展，电阻的种类也越来越多。为了区别电阻的类别，在电阻上可用字母符号来标明，如图 1-75 所示。

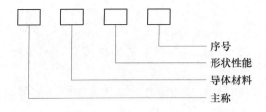

图 1-75　电阻的类别及型号

电阻类别的字母符号标志说明如表 1-16 所示，如"RT"表示碳膜电阻，"RJJ"表示精密金属膜电阻。

3. 电阻的主要参数

电阻的主要参数是指电阻标称阻值、误差和额定功率。前者是指电阻元件外表面上标注的电阻值（热敏电阻则指 25℃时的阻值）；后者是指电阻元件在直流或交流电路中，在一定大气压力和产品标准中规定的温度下（－55～125℃不等），长期连续工作所允许承受的最大功率。在实际应用中，根据电路图的要求选用电阻时，必须了解电阻的主要参数。

表 1-16　　　　　　　　　　电阻的类别和型号标志

第一部分	主称	R：电阻
		W：电位器
第二部分	导体材料	T：碳膜电阻
		J：金属膜电阻
		Y：金属氧化膜电阻
		X：绕线电阻
		M：压敏电阻
		G：光敏电阻
		R：热敏电阻
第三部分	形状性能	X：大小
		J：精密
		L：测量
		G：高功率
		1：普通
		2：普通
		3：超高频
		4：高阻
		5：高温
		8：高压
		9：特殊
第四部分	序号	对主称、材料特征相同，仅尺寸性能指标略有差别，但基本上不影响互换的产品给同一序号；若尺寸、性能指标的差别已明显影响互换，则在序号后面用大写字母予以区别

（1）标称阻值和误差。

使用电阻，首先要考虑的是它的阻值是多少。为了满足不同的需要，必须生产出各种不同阻值的电阻。但是，绝不可能也没有必要做到要什么阻值的电阻就有什么样的成品电阻。

为了便于大量生产，同时也让使用者在一定的允许误差范围内选用电阻，国家规定出一系列的阻值作为产品的标准，这一系列阻值就叫作电阻的标称阻值。另外，电阻的实际阻值也不可能做到与它的标称阻值完全一样，两者之间总存在一些偏差。最大允许偏差值除以该电阻的标称值所得的百分数就叫作电阻的误差。对于误差，国家也规定出一个系列。普通电阻的误差有±5%、±10%、±20%三种，在标志上分别以Ⅰ、Ⅱ和Ⅲ表示。例如，一只电阻上印有"47kⅡ"的字样，我们就知道它是一只标称阻值为47kΩ，最大误差不超过±10%的电阻。误差为±2%、±1%、±0.5%的电阻称为精密电阻。

（2）电阻的额定功率。

当电流通过电阻时，电阻因消耗功率而发热。如果电阻发热的功率大于它所能承受的功率，电阻就会烧坏。所以电阻发热而消耗的功率不得超过某一数值。这个不至于将电阻烧坏的最大功率值就称为电阻的额定功率。为保证安全作用，一般选其额定功率比它在电路中消耗的功率高1~2倍。

额定功率分19个等级，常用的有1/20W、1/8W、1/4W、1/2W、1 W、2W、3W、5W……。在电路图中，非绕线电阻器额定功率的符号表示法如图1-76所示。

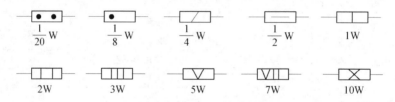

图1-76 电阻额定功率的符号表示法

实际中应用较多的有1/4W、1/2W、1W、2W。线绕电位器应用较多的有2W、3W、5W、10W等。当有的电阻上没有瓦数标志时，我们就要根据电阻体积大小来判断。常用的碳膜电阻与金属膜电阻，它们的额定功率和体积大小的关系见表1-17。

表1-17　　　　　　碳膜电阻和金属膜电阻外形尺寸与额定功率的关系

额定功率/W	碳膜电阻（RT）		金属膜电阻（RJ）	
	长度/mm	直径/mm	长度/mm	直径/mm
1/8	11	3.9	6~8	2~2.5
1/4	18.5	5.5	7~8.2	2.5~2.9
1/2	28	5.5	10.8	4.2
1	30.5	7.2	13	6.6
2	48.5	9.5	18.5	8.6

4. 电阻的规格标注方法

电阻的类别、标称阻值及误差、额定功率一般都标注在电阻元件的外表面上，目前常用的标注方法有两种。

（1）直标法。直标法是将电阻的类别及主要技术参数直接标注在它的表面上，如图 1-77（a）所示。有的国家或厂家用一些文字符号标明单位，例如 3.3kΩ 标为 3k3，这样可以避免因小数点面积小而看不清的缺点。

（2）色标法。色标法是将电阻的类别及主要技术参数用颜色（色环或色点）标注在它的表面上，如图 1-77（b）所示。碳质电阻和一些小碳膜电阻的阻值和误差，一般用色环来表示（个别电阻也有用色点表示的）。

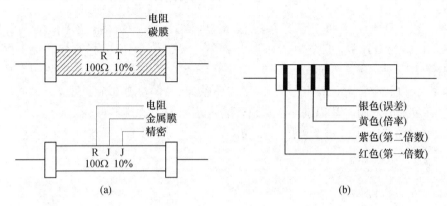

图 1-77　电阻规格标注法
（a）直标法；（b）色标法

用色标法表示时，紧靠电阻端的为第一色环，其余依次为第二、三、四色环。第一道色环表示阻值第一位数字，第二道色环表示阻值第二位数字，第三道色环表示阻值倍率的数字，第四道色环表示阻值的允许误差。

色环所代表数及数字意义如表 1-18 所示。

表 1-18　　　　　　　　　　色环所代表的数及数字意义

色 别	第一色环 第一位数	第二色环 第二位数	第三色环 应乘倍数	第四色环 允许误差
棕色	1	1	10^1	—
红色	2	2	10^2	—
橙色	3	3	10^3	—
黄色	4	4	10^4	—
绿色	5	5	10^5	—
蓝色	6	6	10^6	—
紫色	7	7	10^7	—
灰色	8	8	10^8	—
白色	9	9	10^9	—

色别	第一色环 第一位数	第二色环 第二位数	第三色环 应乘倍数	第四色环 允许误差
黑色	0	0	10^0	—
金色	—	—	10^{-1}	±5%
银色	—	—	10^{-2}	±10%
无色	—	—		±20%

例如，有一只电阻有四个色环颜色依次为：红、紫、黄、银。这个电阻的阻值为 270000Ω，误差为±10%，即 270kΩ×(1±10%)；另有一只电阻标有棕、绿、黑三道色环，其阻值为 15Ω，误差为±20%，即 15Ω×(1±20%)；还有一只电阻的四个色环颜色依次为：绿、棕、金、金，其阻值为 5.1Ω，误差为±5%，即 5.1Ω×(1±5%)。

用色点表示的电阻，其识别方法与色环表示法相同，这里不再重复。

电阻色码顺口溜：棕1红2橙是3，4黄5绿6是蓝，7紫8灰9雪白，黑色是0需牢记。

二、电阻的应用

1. 电阻器、电位器的检测

电阻器的主要故障是：过流烧毁、变值、断裂、引脚脱焊等。电位器还经常发生滑动触头与电阻片接触不良等情况。

(1) 外观检查。对于电阻器，通过目测可以看出引线是否松动、折断或电阻体烧坏等外观故障。对于电位器，应检查引出端子是否松动，接触是否良好，转动转轴时应感觉平滑，不应有过松过紧等情况。

(2) 阻值测量。通常可用万用表欧姆挡对电阻器进行测量，需要精确测量阻值可以通过电桥进行。值得注意的是，测量时不能用双手同时捏住电阻或测试笔，否则人体电阻与被测电阻器并联，会影响测量精度。

电位器也可先用万用表欧姆挡测量总阻值，然后将表笔接于活动端子和引出端子，反复慢慢旋转电位器转轴，看万用表指针是否连续均匀变化，如指针平稳移动而无跳跃、抖动现象，则说明电位器正常。

2. 电阻器和电位器的选用方法

(1) 电阻器的选用。类型选择：对于一般的电子线路，若没有特殊要求，可选用普通的碳膜电阻器，以降低成本；对于高品质的收录机和电视机等，应选用较好的碳膜电阻器、金属膜电阻器或绕线电阻器；对于测量电路或仪表、仪器电路，应选用精密电阻器；在高频电路中，应选用表面型电阻器或无感电阻器，不宜使用合成电阻器或普通的绕线电阻器；对于工作频率低、功率大，且对耐热性能要求较高的电路，可选用绕线电阻器。

误差选择应根据电阻器在电路中所起的作用，除一些对精度特别要求的电路（如仪器仪表、测量电路等）外，一般电子线路中所需电阻器的误差可选用Ⅰ、Ⅱ、Ⅲ级误差即可。

额定功率的选取：电阻器在电路中实际消耗的功率不得超过其额定功率。为了保证电阻器长期使用不会损坏，通常要求选用的电阻器的额定功率高于实际消耗功率的两倍以上。

（2）电位器的选用。电位器结构和尺寸的选择：选用电位器时应注意尺寸大小和旋转轴柄的长短、轴端式样和轴上是否需要紧锁装置等。经常调节的电位器，应选用轴端铣成平面的，以便安装旋钮；不经常调整的，可选用轴端带刻槽的；一经调好就不在变动的，可选择带紧锁装置的电位器。

知识链接二　二极管的 PN 结及特性

一、二极管的外形

晶体二极管也称半导体二极管，是半导体器件中最基本的一种器件。它用半导体单晶材料制成，故半导体器件又称为晶体器件。晶体二极管具有两个电极，在收音机、电视机和其他电子设备中具有广泛的应用。其外形如图 1-78 所示。

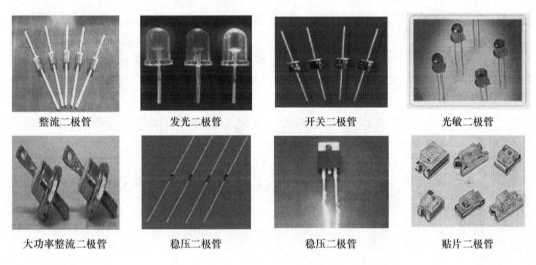

| 整流二极管 | 发光二极管 | 开关二极管 | 光敏二极管 |
| 大功率整流二极管 | 稳压二极管 | 稳压二极管 | 贴片二极管 |

图 1-78　常见二极管外形

二、PN 结的形成

物质按照导电能力的大小可分为导体、半导体、绝缘体。具有良好导电性能的物质叫导体，如铜、铁等金属。导电能力很差或不导电的物质叫绝缘体，如陶瓷、塑料等。导电能力介于导体与绝缘体之间的物质叫半导体，如锗、硅等。半导体材料和导体、绝缘体相比具有两个显著特点：一是电阻率的大小受杂质含量的影响极大，二是电阻率受外界条件的影响很大。

在纯净的半导体中掺入镓等三价元素后变成了 P 型半导体，如图 1-79 所示；在纯净的半导体中掺入砷等五价元素后变成了 N 型半导体，如图 1-80 所示。在 P 型半导体和 N 型半导体相结合的地方，就会形成一个特殊的薄层，这个特殊的薄层叫"PN 结"，二极管是由一个 PN 结组成的。

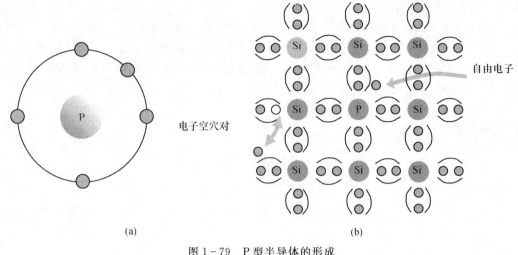

图 1-79　P 型半导体的形成

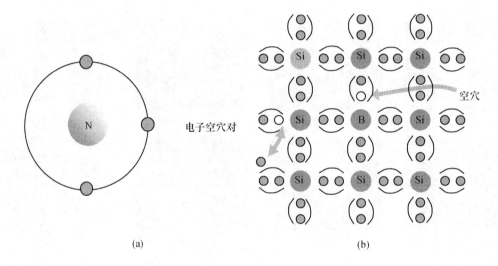

图 1-80　N 型半导体的形成

通过一定的工艺使一块单晶片两边分别形成 P 型和 N 型半导体。在 P 型和 N 型半导体的交界处存在着空穴和自由电子的浓度差，于是 P 区的空穴向 N 区扩散，N 区的自由电子向 P 区扩散，扩散到对方的载流子成为少数载流子，并与对方的多数载流子复合，使自由电子和空穴同时消失。这样就在它们的交界处留下不能移动的正负离子组成的空间电荷区（内建电场），也就是 PN 结，把 PN 结封装在管壳内，并引出两个金属电极，就构成一个二极管。

三、二极管的单向导电特性

二极管单向导电性测试电路如图 1-81 所示。

图 1-81（a）正极电位＞负极电位，二极管导通；图 1-81（b）正极电位＜负极电

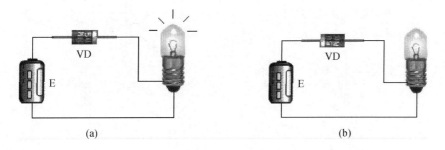

图 1-81 二极管单向导电性测试电路图

位，二极管截止。即二极管正偏导通，反偏截止。这一导电特性称为二极管的单向导
电性。

四、二极管的伏安特性

二极管的伏安特性指二极管两端的电压和流过的电流之间的关系曲线。测试电路如图
1-82 所示，伏安特性曲线如图 1-83 所示。

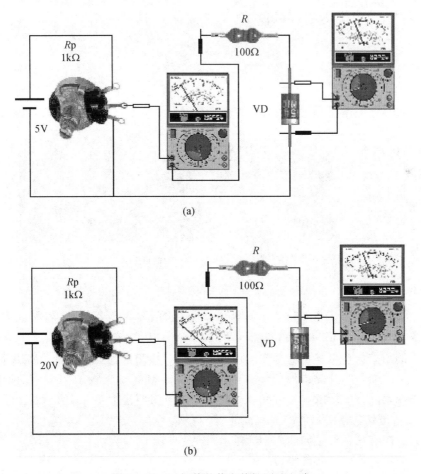

图 1-82 二极管的伏安特性测试电路

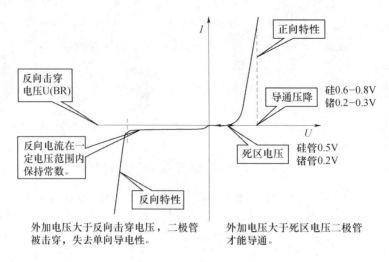

图 1-83 二极管的伏安特性曲线图

电烙铁与焊接技术

一、认识电烙铁

1. 电烙铁的外形

电烙铁的外形如图 1-84 所示。

   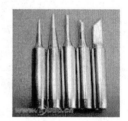

外热式电烙铁　　　　　内热式电烙铁　　　　　恒温电烙铁　　　　　烙铁头

图 1-84　烙铁的外形

常用电烙铁分内热式和外热式 2 种。通常使用的有 20W、25W、30W、35W、40W、45W、50W 的烙铁。建议初学者使用 25W 的电烙铁，因为它功率小不容易烫坏元件。内热式电烙铁的烙铁头在电热丝的外面，这种电烙铁加热快且重量轻。外热式电烙铁的烙铁头插在电热丝里面，它加热虽然较慢，但相对牢固。电烙铁直接用 220V 交流电源加热。电源线和外壳之间是绝缘的，电源线和外壳之间的电阻应是大于 200MΩ。

2. 手握电烙铁的姿势

电烙铁一般有三种握法如图 1-85 所示。

（1）挺胸端正直坐，勿弯腰。

（2）鼻尖至烙铁头尖端至少应保持 20cm 的距离，通常以 40cm 为宜。

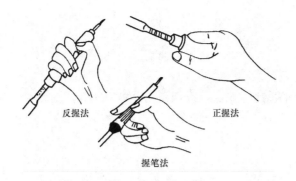

反握法　　　正握法

握笔法

图 1-85　手握电烙铁的姿势

（3）新烙铁头的处理与上锡方法。

1）锉斜面——用锉刀将烙铁头的斜面锉出铜的颜色，斜面角度一般为 30°～45°。

【注】只能锉烙铁头的斜面，而不能锉烙铁头的周围。

2）通电加热——电烙铁通电加热的同时，将烙铁头的斜面接触松香。

3）涂助焊剂——随着电烙铁的温度逐渐升高，熔化的松香便涂在烙铁头的斜面上。

4）上焊料——等温度尚未增加到熔化焊料的时候，迅速将焊锡丝接触烙铁头的斜面，一定时间后，焊锡丝被熔化，在斜面涂满焊料。

5）继续加热——再继续加热，以使焊料扩散到烙铁头内部。

电烙铁的烙铁头的处理与上锡完毕。

（4）烙铁使用的注意事项。

1）新买的烙铁在使用之前必须先给它蘸上一层锡（给烙铁通电，然后在烙铁加热到一定的时候就用锡条靠近烙铁头），使用久了的烙铁应将烙铁头部锉亮，然后通电加热升温，并将烙铁头蘸上一点松香，待松香冒烟时再上锡，使在烙铁头表面先镀上一层锡。

2）电烙铁通电后温度达 250℃以上，不用时应放在烙铁架上，如图 1-86 所示。但较长时间不用时应切断电源，防止高温"烧死"烙铁头（被氧化）。要防止电烙铁烫坏其他元器件，尤其是电源线，若其绝缘层被烙铁烧坏而不注意便容易引发安全事故。

3）不要猛力敲打电烙铁，以免震断电烙铁内部电热丝或引线而产生故障。

4）电烙铁使用一段时间后，可能在烙铁头部留有锡垢，在烙铁加热的条件下，可以用湿布轻擦。如有出现凹坑或氧化块，应用细纹锉刀修复或者直接更换烙铁头。

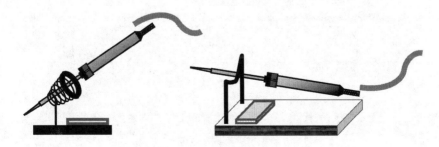

图 1-86　电烙铁放置方法

二、焊锡丝

选用焊锡时，应选用焊接电子元件用的低熔点焊锡丝。焊锡丝拿法如下。

（1）操作时应戴手套。

（2）用拇指和食指捏住焊锡丝，端部留出 3～5cm 的长度，并借助中指往前送料。

（3）操作后应洗手，由于焊锡丝中有一定比例的铅，它是对人体有害的重金属。

三、助焊剂

用 25% 的松香溶解在 75% 的酒精（重量比）中作为助焊剂。

助焊剂的作用是在进行焊接时使被焊物与焊料焊接牢靠。助焊剂一般分为无机助焊剂、有机助焊剂和树脂助焊剂，能溶解去除金属表面的氧化物，并在焊接加热时包围金属的表面，使之和空气隔绝，防止金属在加热时氧化；可降低熔融焊锡的表面张力，有利于焊锡的湿润。

四、焊接技术

把焊盘和元件的引脚用细砂纸打磨干净，涂上助焊剂。用烙铁头蘸取适量焊锡，接触焊点，待焊点上的焊锡全部熔化并浸没元件引线头后，电烙铁头沿着元器件的引脚轻轻往上一提离开焊点。

1. 五步操作法

如图 1-87 所示。

（1）准备工作——准备好被焊工件，电烙铁加温到工作温度，烙铁头保持干净，一手握好电烙铁，一手拿焊锡丝，电烙铁与焊料分居于被焊工件两侧。

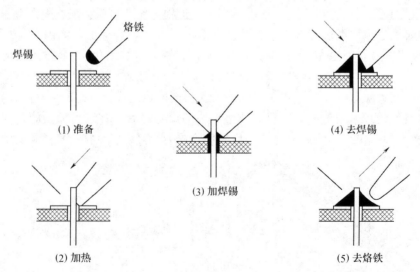

图 1-87 五步操作法

（2）移进烙铁——将烙铁以 45°角贴近元器件的根部。

（3）加入焊丝——当工件被焊部位升温到焊接温度时，送上焊锡丝并与工件焊点部位接触，熔化并润湿焊点。

（4）移去焊料——熔入适量焊料（焊件上已形成一层薄薄的焊料层）后，迅速移去焊锡丝。

（5）移开烙铁——移去焊料后，在助焊剂（焊锡丝内一般含有助焊剂）还未挥发完之前，迅速与轴向成45°的方向移去电烙铁，否则将得到不良焊点，如图1-88所示。从第（3）步开始到第（5）步结束，时间为1～2s。

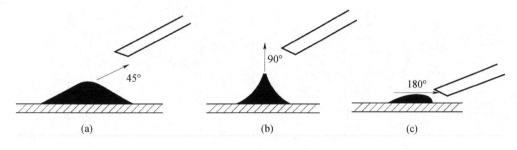

图1-88 烙铁撤离角度

2. 焊接要点

（1）焊接时间不宜过长，否则容易烫坏元件，必要时可用镊子夹住管脚帮助散热。

（2）焊点应呈正弦波峰形状，表面应光亮圆滑，无锡刺，锡量适中，如图1-89所示。

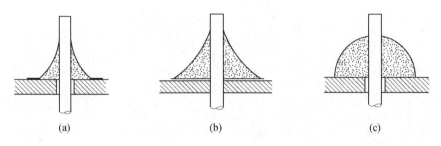

图1-89 焊点焊锡量的比较

（3）焊接完成后，要用酒精把线路板上残余的助焊剂清洗干净，以防炭化后的助焊剂影响电路正常工作。

（4）集成电路应最后焊接，电烙铁要可靠接地，或断电后利用余热焊接。或者使用集成电路专用插座，焊好插座后再把集成电路插上去。

（5）在印制电路板上焊接引线的方法。

印制电路板分单面和双面2种。在它上面的通孔一般是非金属的，但为了使元器件焊接在电路板上更牢固可靠，现在电子产品的印制电路板的通孔大都采取金属化。将引线焊接在普通单面板上的方法如下。

1）直通剪头。引线直接穿过通孔，焊接时使适量的熔化焊锡在焊盘上方均匀地包围沾锡的引线，形成一个圆锥体模样，待其冷却凝固后，把多余部分的引线剪去。

61

2）直接埋头。穿过通孔的引线只露出适当长度，熔化的焊锡把引线头埋在焊点里面。这种焊点近似半球形，虽然美观，但要特别注意防止虚焊。

（6）元件在电路板上的摆放如图 1-90 所示，线路板反面元件引脚成形如图 1-91 所示，电阻的排列方向如图 1-92 所示，引脚焊接后的处理如图 1-93 所示。

焊接技术是一项无线电爱好者必须掌握的基本技术，需要多多练习才能熟练掌握。

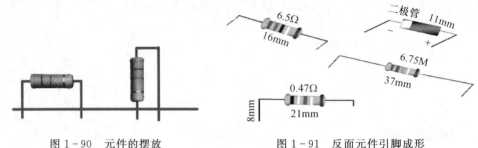

图 1-90　元件的摆放　　　　　图 1-91　反面元件引脚成形

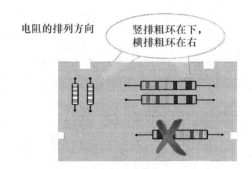

图 1-92　电阻的排列方向

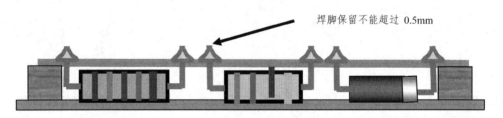

图 1-93　焊接后引脚的处理

项目二
车间异常情况呼叫电路的组装与调试
—— 磁场与电场的实训与研究

项目目标

【知识目标】

(1) 了解直线电流、环形电流和通电螺线管的磁场。

(2) 理解磁感应强度和磁场强度的概念，掌握磁场对电流作用力的判断方法。

(3) 掌握电磁感应定律及楞次定律。

(4) 了解自感现象和互感现象。

(5) 了解磁路及磁路欧姆定律。

【技能目标】

(1) 继续熟悉万用表的使用方法及元器件的识别与检测方法。

(2) 会结合磁场等相关理论对电路原理图进行识读与分析。

(3) 会根据原理图安装、调试车间异常情况呼叫电路。

【情感目标】

(1) 培养理论联系实际的学习态度与实事求是的科学精神。

(2) 培养自主性、研究性的学习方法。

(3) 培养严谨、认真的学习态度。

(4) 初步形成团队合作的工作精神，并初步培养产品意识、质量意识与安全意识。

项目情景

【情景一】

学生在教师的指导下，识读并掌握车间异常情况呼叫电路的变压部分、整流部分、显示灯部分、车间按钮部分、音乐集成芯片和三端稳压电路等各部分的工作原理。

【情景二】

(1) 学生在教师的提示下按规范进行相应元器件检测。

(2) 学生在教师的指导下组装车间异常情况呼叫电路。

(3) 进行磁场、电场相关的仿真实训。

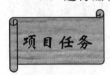

通过车间异常情况呼叫电路相关知识学习，我们要完成车间异常情况呼叫电路的安装与调试。由情景一、二可以知道车间异常情况呼叫电路中要用到电阻、电容、二极管等元器件，因此，在技能方面仍要求能熟练完成相应元器件的识别与检测，并根据磁场等相关内容的学习掌握该电路各部分的工作原理。车间异常情况呼叫电路中按钮接通，它所控制的发光二极管即点亮，同时，音乐集成电路 IC 得电，产生振荡信号，经晶体管 VT 放大后，扬声器 BL 即可发出呼叫的乐曲声。这其中就要学习并用到磁场、磁路、变压器、电感、电容等知识。

任务一　磁现象探究

 铁钉 A 为什么比铁钉 B 能吸引更多的大头针？

如图 2-1 所示，实验中发现铁钉 A 比 B 能吸引更多的大头针。根据实验现象可以得出的结论是：当电流一定时，电磁铁的线圈匝数越多，磁性越强。将滑线变阻器的抽头向右移动时，两铁钉吸引的大头针都将变少。这说明电磁铁的磁性还与线圈电流有关。

那么，什么是磁场？什么是电流的磁场？磁场的基本物理量有哪些？它在生产、生活中还有哪些应用？

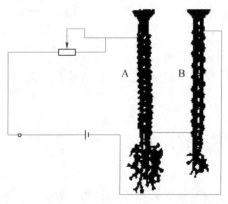

图 2-1　电磁铁对比实验

我们知道，把两个磁铁的磁极靠近时，它们之间会产生相互作用的磁力：同名磁极相互推斥，异名磁极相互吸引。为什么两个没有接触的磁极却产生了相互作用力呢？这是因为在磁体的周围都存在着一种特殊的物质，叫作磁场。磁极之间相互作用的磁力，不是在磁极之间直接发生的，而是通过磁场传递的。

一、磁体及其特性

1. 磁性

物体能够吸引铁、镍、钴等金属及其合金的性质叫作磁性。

2. 磁体

具有磁性的物体叫作磁体。它分为天然磁体和人造磁体两类。

3. 磁体的主要特性

（1）磁体两端的磁性最强，具有指向南北极的特性。通常把指北的一端叫北极，用 N 来表示，指南的一端叫南极，用 S 来表示。该两端统称为磁极。

（2）同性磁极互相排斥，异性磁极互相吸引。磁极之间存在的这种相互吸引或排斥的作用力叫磁力。

（3）任何磁体都仅具有两个磁极，而且无论怎么分割，它总是成对出现并且强度相等，不存在独立的 S 极和 N 极。

二、磁场和磁力线

（1）磁场：磁极之间相互作用的磁力，不是在磁极之间直接发生的，而是通过一种特殊的物质来传递的，这种物质就称为磁场。

（2）磁力线：就是在磁场中画出的一些曲线，在这些曲线上，每一点的切线方向，都跟该点的磁场方向相同，如图 2-2 所示。磁力线这一假想曲线更形象地描述了磁场的方向。

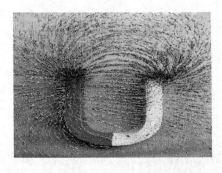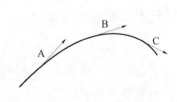

图 2-2　磁力线

（3）磁力线垂直纸面时的表示方式：通常用符号"×"和"·"分别表示磁力线垂直

穿入和穿出纸面的方向（类推：通常用符号"⊕"和"⊙"分别表示电流垂直穿入和穿出纸面的方向）。

磁力线可以形象直观地反映磁场的分布情况：各点的切线方向反映了该点的磁场方向；此外磁力线的疏密可以直观地反映磁场的强弱，磁力线密的地方磁场强，磁力线疏的地方磁场弱。磁力线在磁体外部由 N 极出来进入 S 极，在磁体内部由 S 极指向 N 极，是不相交的闭合曲线。

知识链接二　电流的磁效应

1820 年，丹麦物理学家奥斯特发现：把一根导线平行地放在磁针的上方，给导线通电，磁针就发生偏转，如图 2-3 所示，就好像磁针受到磁铁的作用一样。这说明电流也能产生磁场，电和磁是有密切联系的。奥斯特的发现极大地推动了电磁学的发展，在此基础上以安培为代表的法国科学家很快取得了研究成果，总结出了电流产生磁场的规律。

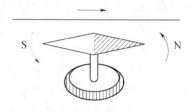

图 2-3　奥斯特实验

一、通电直导线的磁场

通电直导线的磁场如图 2-4 所示。其磁力线是一些以导线上各点为圆心的同心圆，这些同心圆都在与导线垂直的平面上。通电直导线电流的方向跟它的磁力线方向之间的关系可以用安培定则（也叫右手螺旋法则）来判定：用右手握住直导线，让伸直的大拇指所指方向与电流方向一致，弯曲的四指所指方向就是磁力线的环绕方向。

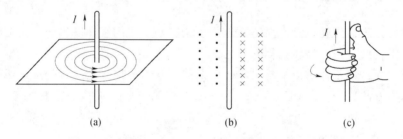

图 2-4　通电直导线的磁场方向

二、通电螺线管产生的磁场

螺线管线圈可看作是由 N 匝环形导线串联而成，其磁场如图 2-5 所示。通电螺线管的磁场表现出来的磁性，很像是一根条形磁铁，一端相当于 N 极、另一端相当于 S 极，改变电流方向，它的两极就对调。

通电螺线管外部的磁力线和条形磁铁外部的磁力线相似，也是从 N 极出来，进入 S 极。通电螺线管内部具有磁场，内部的磁力线跟螺线管的轴线平行，方向由 S 极指向 N 极，并和外部的磁感线连接，形成一些闭合曲线。通电螺线管的电流方向跟它的磁感线方向之间的关系，也可用安培定则来判定：用右手握住螺线管，让弯曲的四指所指方向跟电流的方向一致，那么大拇指所指方向就是螺线管内部磁感线的方向，也就是说，大拇指指向通电螺线管的 N 极。

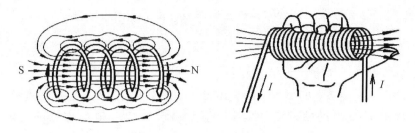

图 2-5　通电螺线管的磁场

三、环形电流的磁场

将直导线弯曲成圆环形，通电后形成环形电流。环形电流的磁场如图 2-6 所示。其磁力线是一些围绕环形导线的闭合曲线。在环形导线的中心轴线上，磁力线和环形导线的平面垂直。环形电流的方向跟它的磁力线方向之间的关系也可以用安培定则来判定：让右手弯曲的四指和环形电流的方向一致，那么伸直的大拇指所指的方向就是环形导线中心轴线上磁力线的方向。

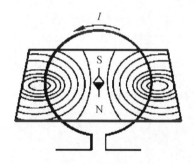

图 2-6　环形电流的磁场

 **磁场的基本物理量**

一、磁感应强度（磁通密度）

某点磁场的性质用磁感应强度 B（也称磁通密度）来描述，它的数值大小表示该点磁场的强弱，其方向为该点磁场的方向。

下面通过图 2-7 所示的实验来验证。把一段通电导线垂直地放入磁场中，先保持导线通电部分长度不变，改变电流的大小；然后保持电流不变，改变导线通电部分的长度。观察实验我们发现：导线长度一定时，电流越大，导线受到的磁场力 F 也越大；电流一定时，导线长度 L 越长，导线受到的磁场力 F 也越大。实验表明：通电导线受到的磁场力 F 与通过的电流 I 和导线的长度 L 成正比。这就是说，磁场中的某处的比值 F/IL 与乘积 IL 无关，是一个恒量。在磁场中的不同地方，这个比值一般是不同的，它由磁场本身决定。

在磁场中垂直于磁场方向的通电导线，所受的磁场力 F 与电流 I 和导线长度 L 的乘积 IL 的比值叫做通电导线所在处的磁感应强度 B（或磁通密度），即

$$B = \frac{F}{IL}$$

在国际单位制中，B 的单位为特［斯拉］（T），$1T = 1N/(A \cdot m)$。磁通密度 B 是一个矢量，它的方向就是该点的磁场方向。在实际工作中可以用专门的仪器来测量，如高斯计。一般永磁体磁极附近的磁通密度大约是 $0.4 \sim 0.7T$，地面附近的磁通密度大约是 $5 \times 10^{-5}T$，电机和变压器铁心中的磁通密度是 $0.8 \sim 1.5T$。

在某一区域内，如果各点的磁感应强度大小相等，方向相同，则这部分磁场叫作匀强磁场，如图 2-8 所示。

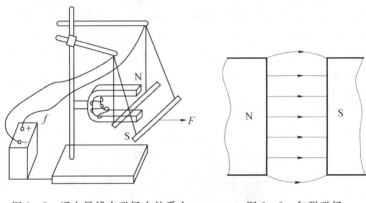

图 2-7 通电导线在磁场中的受力　　　　图 2-8 匀强磁场

二、磁通量

在电路分析中经常要研究穿过某一面积的磁场，为此引出一个新的物理量——磁通量。设在匀强磁场中有一个与磁场方向垂直的平面，磁场的磁通密度为 B，平面的面积为 S，我们定义磁感应强度 B 与面积 S 的乘积，叫作穿过这个面的磁通量（简称磁通），用 Φ 表示，即 $\Phi = BS$

在国际单位制中，磁通量的单位是韦［伯］（Wb），即 $1Wb = 1T \cdot m^2$。

由 $\Phi = BS$ 可得

$$B = \frac{\Phi}{S}$$

因此可以把磁通密度看作是穿过单位面积的磁通量，磁通量的意义可以用磁力线形象地加以说明。在同一磁场中，磁力线越密的地方，磁通密度 B 越大。如果平面跟磁场方向不垂直，可以将这个平面向垂直于磁场方向进行投影，投影才是有效面积，如图 2-9 所示。因此，同一个平面，当它跟磁场方向垂直时，穿过它的磁感线条数最多，磁通量最大；当它跟磁场方向平行时，没有磁力线穿过它，磁通量为零。

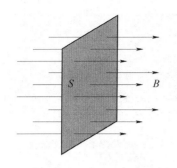 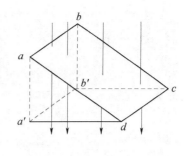

图 2-9　不同截面的磁通密度

三、磁导率

先用一个插有软铁心的通电线圈去吸引铁钉，再把通电线圈中的软铁心抽出变成空心线圈去吸引铁钉，便会发现两种情况下吸力大小不同，前者比后者大得多。这表明磁场的强弱不仅与电流的大小和导体的形状有关，而且与磁场中磁介质的导磁性能有关。

磁导率 μ 就是一个用来表示磁介质导磁性能的物理量，和不同材料有不同导电能力一样，不同的磁介质有不同的磁导率，磁导率的单位为 H/m。

由实验可测定，真空的磁导率是一个常数，用 μ_0 表示，$\mu_0 = 4\pi \times 10^{-7}$ H/m。由于真空的磁导率是一个常数，因此可以将其他磁介质的磁导率与它做对比，以此来衡量某一磁介质的导磁能力。任一磁介质的磁导率与真空的磁导率的比值叫作相对磁导率，用 μ_r 表示，即

$$\mu_r = \frac{\mu}{\mu_0} \text{或} \mu = \mu_r \mu_0$$

根据各种物质导磁性能的不同，可把物质分为以下三种类型。

1. 反磁性物质

$\mu_r < 1$，这类物质中所产生的磁场要比真空中弱一些，如铜、石墨、银、锌等。

2. 顺磁性物质

$\mu_r > 1$，这类物质中所产生的磁场要比真空中强一些，如空气、铂、锡、铝等。

3. 铁磁性物质

$\mu_r > 1$，而且不是一个常数，在电工技术方面应用甚广，如铁、钢、钴、镍及某些合金等。

四、磁场强度

为了使磁场的计算简单，常用磁场强度这个物理量来表示磁场的性质。在磁场中，各点磁场强度的大小只与电流的大小和导体的形状有关，而与磁介质的性质无关。

磁场中某点的磁感应强度 B 与媒介质磁导率 μ 的比值，叫作该点的磁场强度，用 H 来表示，即 $H = B/\mu$ 或 $B = \mu H$。磁场强度也是一个矢量，在均匀的媒介质中，它的方向是和磁感应强度的方向一致的。在国际单位制中，它的单位为安/米（A/m），工程技术中常用的辅助单位还有安/厘米（A/cm），1A/cm=100A/m。

69

磁场的应用

图 2-10 为磁悬浮列车，磁悬浮列车的基本原理就是磁极的同性相斥和异性相吸。让磁铁具有抗拒地心引力的能力，使车体完全脱离轨道，悬浮在距离轨道约 1cm 处，腾空行驶，创造了近乎"零高度"空间飞行的奇迹。

图 2-10　磁悬浮列车

（1）车身磁场和路面磁场产生浮力使车身悬浮，如图 2-11 所示。

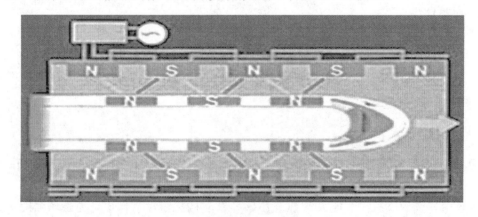

图 2-11　磁悬浮列车悬浮原理

（2）车身磁场与推进磁场产生直线作用力，使车身前进，如图 2-12 所示。

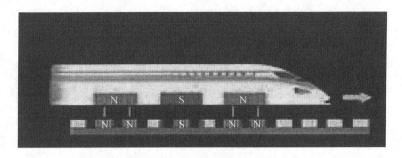

图 2-12　磁悬浮列车前进原理

任务二　电　磁　感　应

研究一　**观察导体在磁场中的运动（可做仿真实训）**

如图 2-13（a）所示，导体 AB 与电流表组成闭合回路，当导体 AB 在磁场内做切割磁力线运动时，电流表的指针发生偏转。

如图 2-13（b）所示，导体 AB 与电流表组成闭合回路，当导体 AB 在磁场内做平行于磁力线方向上下运动时，电流表的指针不发生偏转。

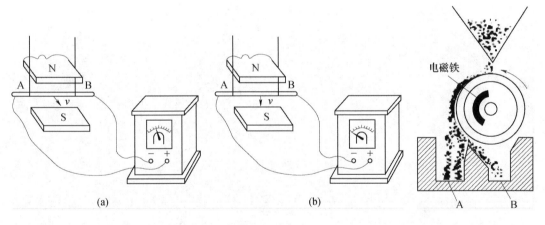

(a)　　　　　　　　　　　　　(b)

图 2-13　直导线与磁力线的相对运动

图 2-14　电磁选矿
示意图

电磁铁的生产应用

（1）图 2-14 为电磁选矿示意图，当电磁选矿机工作时，铁砂将落入 B 箱，杂质落入 A 箱。

（2）水位自动报警器和温度自动报警器如图 2-15 所示。

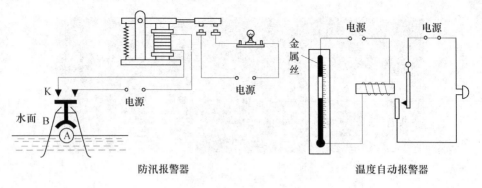

防汛报警器　　　　　　　　　　　温度自动报警器

图 2-15　电磁铁的应用

观察磁条相对于螺线管的运动（可做仿真实验）

如图 2-16 所示，由螺线管线圈与电流表组成闭合回路，当磁铁插入或（拔出）螺线管时，电流表指针就发生了偏转。

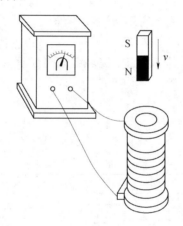

图 2-16　电磁感应实验

通过观察实验现象把电流表指针的偏转情况填入表 2-1。

表 2-1

磁铁插入螺线管	电流表指针：
磁铁拔出螺线管	电流表指针：
磁铁与螺线管相对静止	电流表指针：

可以发现：当磁铁插入螺线管时电流表的指针右偏，当磁铁从螺线管内拔出时电流表的指针左偏；当磁铁在螺线管的外面或里面静止不动时，电流表的指针不偏转。

知识拓展一 **显像管的工作原理**

在显像管的颈部套有两对相互垂直的线圈分别称为水平偏转线圈和垂直偏转线圈，如

图 2-17 所示，当两对线圈中分别流过锯齿波电流时，由电子枪射出的电子束便会在线圈磁场的作用下从左往右、从上往下偏转，由于荧光屏上光点的位置和亮度是与电视台发出的原图像画面一一对应的，所以荧光屏上就能重现原图像。

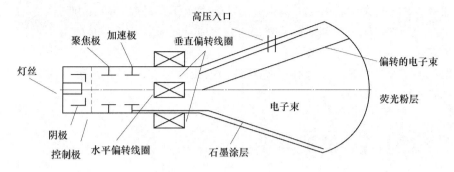

图 2-17　显像管的结构

知识链接一　**电磁感应现象**

　　自从 1820 年奥斯特发现电流的磁效应后，人们很自然地思考：既然通电导线能够产生磁场，反过来，磁场是不是也能产生电流呢？许多物理学家都开始探索怎样用磁场在导线中产生电流，英国物理学家法拉第经过多年坚持不懈的努力，终于取得了重大突破，在1831 年通过实验发现了电磁感应现象，使"磁生电"变为现实。

　　在什么条件下才能"磁生电"呢？1831 年法拉第做了这样一个实验：如图 2-18 所示，将线圈 A 与线圈 B 绕在同一个铁心上，线圈 A 通过开关 S 与电源连接，线圈 B 接入电流计。实验发现：当闭合开关 S 瞬间，电流计的指针发生偏转，这说明线圈 B 中产生了电流；当开关 S 断开瞬间，电流计的指针就偏向另一方，表明线圈 B 中产生了反方向的电流；一旦线圈 A 中电流达到稳定状态，线圈 B 中电流就消失了。

　　以上实验表明，发生电磁感应即产生感应电流的条件是闭合电路中的磁通量发生变化。

　　这个结论是普遍适用的。

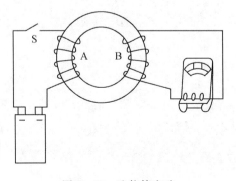

图 2-18　法拉第实验

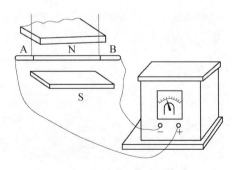

图 2-19　电磁感应实验

73

如图 2-19 所示，闭合电路的一部分导体 AB 在磁场内做切割磁力线运动时，导体中有感应电流产生，这时磁通密度虽然不变，但在导体运动的过程中，闭合电路在磁场中的面积发生了变化，引起穿过闭合回路磁通量的变化，从而产生了感应电流，电流表指针就偏转；如果导体 AB 在磁场内做平行于磁力线方向上下运动时，闭合电路在磁场中的面积没有发生变化，穿过闭合回路的磁通量没有发生变化，没有产生感应电流，所以电流表的指针就不偏转。

由以上分析可知，只要穿过闭合电路的磁通发生变化，闭合电路中就有感应电流产生，这就是电磁感应现象。

知识拓展二 **磁性记录器件**

一、磁头和磁带

磁头由三个基本部分组成：环形铁心、线圈和工作气隙，此外还装有金属外壳，起磁屏蔽作用，如图 2-20 所示。

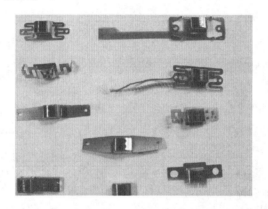

图 2-20　磁头

声音的录入：声音信号电流经放大后，输入到磁带磁头线圈中，录音磁头紧贴磁带移动，经过磁头工作气隙的磁带就被磁化，声音信号就被记录了下来。

声音的播放：与录入相反，放音磁头紧贴磁带移动，产生感应电流，在经过放大后送给扬声器，便可听到重放的声音。其工作原理如图 2-21 所示。

二、磁卡

银行的信用卡表面的黑色磁条上记录着银行代码、户头编号、密码等数据，这些都是利用电磁感应方法写进去的。实际进行磁化时，是用磁性的"有"与"无"表示二进制的 0 和 1，如图 2-22 所示。

三、电饭锅的工作原理

对于所有的磁性材料来说，并不是在任何温度下都具有磁性。一般来说，磁性材料具

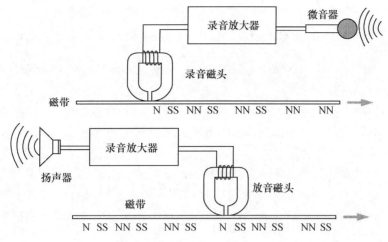

图 2-21 磁带的工作原理

有一个临界温度 T_c（也称居里点），在这个温度以上，由于高温下原子的剧烈热运动，原子磁矩的排列是混乱无序的。在此温度以下，原子磁矩排列整齐，产生自发磁化，物体变成铁磁性的。利用这个特点，人们开发出了很多控制元件。例如，我们使用的电饭锅就利用了磁性材料的居里点的特性。

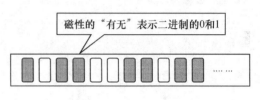

图 2-22 磁卡工作原理

在电饭锅的底部中央装了一块磁铁和一块居里点为 105℃ 的磁性材料。当锅里的水分干了以后，食品的温度将从 100℃ 上升。当温度到达大约 105℃ 时，由于被磁铁吸住的磁性材料的磁性消失，磁铁就对它失去了吸力，这时磁铁和磁性材料之间的弹簧就会把它们分开，同时带动电源开关被断开，停止加热，如图 2-23 所示。

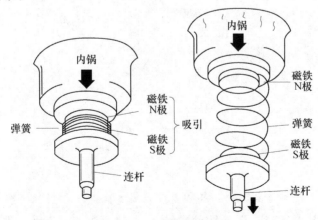

图 2-23 电饭锅工作原理

知识链接二 感应电流的方向

在前面的实验中，可以观察到不同的情况下，感应电流的方向是不同的。那么，怎样确定感应电流的方向呢？

闭合电路中的一部分导线做切割磁力线运动时，产生的感应电流方向可用右手定则来判定。伸开右手，使大拇指与其余四指垂直，并且都跟手掌在一个平面内，让磁力线垂直进入手心，大拇指指向导体运动方向，这时四指所指的方向就是感应电流的方向。

闭合电路的磁通量发生变化时，感应电流的方向可用楞次定律来判定。那么，什么是楞次定律呢？1834 年，俄国物理学家楞次概括了各种实验结果后，提出如下结论：感应电流具有这样的方向，即感应电流的磁场总是阻碍引起感应电流的磁通量的变化，这就是楞次定律。

应用楞次定律判定感应电流方向的具体步骤是：首先要明确原来磁场的方向；其次，要明确穿过闭合线圈的磁通量是增加还是减少；然后根据楞次定律（增反减同）确定感应电流的磁场方向；最后利用安培定则来确定感应电流的方向。

【例 2 - 1】 如图 2 - 24（a）所示，当磁铁的 N 极插入和拔出线圈时，试确定感应电流的方向。

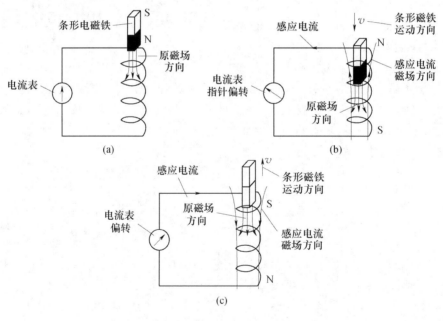

图 2 - 24

解：当磁铁的 S 极插入线圈时，线圈中原磁场方向向下，且穿过线圈的磁通量是增加的。由楞次定律可知，感应电流产生的磁场方向与原磁场方向相反，即感应电流产生的磁场方向向上。根据安培定则可以确定，感应电流的方向为图 2 - 24（b）中线圈上箭头所示的方向。

当磁铁的 N 极抽出线圈时，线圈中原磁场方向仍向下，但穿过线圈的磁通量是减少的。由楞次定律可知，感应电流产生的磁场方向与原磁场方向相同，即感应电流产生的磁场方向向下。根据安培定则可以确定，感应电流的方向为图 2 - 24（c）中线圈上箭头所示的方向。

知识链接三　电磁感应定律

一个闭合电路中如果有电流，则该电路中一定有电源，电流就是由电源的电动势产生的。因此在电磁感应现象中，闭合电路中既然有感应电流产生，那么该电路中也必定有电动势存在。电路断开时，虽然没有电流，但电动势仍然存在。我们把在电磁感应中产生的电动势叫作感应电动势。闭合回路中做切割磁力线运动的那部分导体就是一个电源，它能产生感应电动势，向外电路提供电能；磁通量发生变化的那个线圈相当于电源。感应电动势的方向与感应电流方向相同，感应电流的流入端为感应电动势负极，而流出端为感应电动势正极。

感应电动势的大小与哪些因素有关呢？

在研究电磁感应的实验中，我们还可观察到：导线切割磁力线的速度越快，产生的感应电流越大；电磁铁插入或拔出闭合线圈的速度越快，产生的感应电流越大。法拉第用精确实验证明：电路中感应电动势的大小，与穿过这一电路的磁通量的变化率成正比，这就是法拉第电磁感应定律。

根据法拉第电磁感应定律，N 匝线圈产生的感应电动势 E 为

$$E = N \frac{\Delta \Phi}{\Delta t}$$

研究三　自感现象 1（仿真实训）

观察图 2 - 25 的实验现象并记录以下实验现象

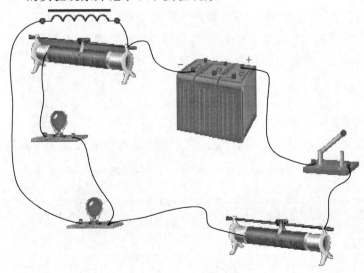

图 2 - 25　自感实验 1

在闭合开关 S 的瞬间, 灯 1 的状态: _____
灯 2 的状态: _____

现象: 在闭合开关 S 的瞬间, 灯 1 立刻正常发光. 而灯 2 却是逐渐从暗到明, 要比灯 1 迟一段时间正常发光. 为什么会出现这个现象呢?

原因分析: 由于线圈自身的磁通量增加, 而产生了感应电动势, 这个感应电动势总是阻碍磁通量的变化, 即阻碍线圈中电流的变化, 故通过与线圈串联的灯泡的电流不能立即增大到最大值, 它的亮度只能慢慢增加。

研究四 　自感现象 2 (仿真实训)

如图 2-26 所示, L 是一个电感较大的线圈。

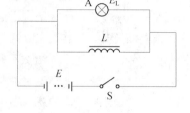

观察图 2-26 的实验现象并记录以下实验现象。

闭合开关 S 的瞬间, 灯的状态: _____

断开开关 S 的瞬间, 灯的状态: _____

图 2-26　自感实验 2

现象: 灯没有随开关 S 的断开而马上熄灭, 而是逐渐变暗而且还看到灯明显闪亮了一下, 请分析原因。

原因分析: 断电前通过 A 灯的电流是由电源提供的, 根据电路中并联规律可知, 线圈 L 的电阻由于很小, 故电路中的电流大部分流过线圈 L, 有 $I_L > I_A$, 断电后, 线圈 L 由于自感作用, 将阻碍自身电流的减小, 结果线圈中的电流 I_L 反向流过灯 A, 然后逐渐减弱, 所以有灯闪亮一下再熄灭的现象出现。

知识链接四 　自感现象

一、自感

这种由于线圈本身的电流发生变化而产生感应电动势的现象, 叫作自感现象, 简称自感。在自感现象中产生的感应电动势, 叫作自感电动势, 通常用 E_L 表示。这个电动势总阻碍线圈中电流的变化。当电路闭合时, 在自感电动势的驱动下, 会产生自感电流。

二、自感系数 (电感)

(1) 自感电流产生的磁通称为自感磁通。

(2) 自感系数 (简称电感) 在数值上等于一个线圈中通过单位电流所产生的自感磁通。用 $L = \dfrac{N\Phi}{I}$ 表示, N 为线圈匝数, Φ 为每一个匝线圈的自感磁通, L 的单位是亨 [利] (H)。常用单位有毫亨 (mH)、微亨 (μH)。

(3) 线圈的电感是由线圈自身的特征决定的。

1) 线圈越长, 电感越大。

2) 单位长度上的匝数越多, 电感越大。

3）截面积越大，电感越大。

4）有铁心的比空心的电感大。

电感为常数的线圈为线性电感，电感不为常数的线圈称为非线性电感。

三、自感电动势

由电磁感应定律，可得自感电动势 $E_L = L\dfrac{\Delta\Phi}{\Delta t}$。

自感电动势的大小与线圈中磁通的变化率成正比。因 $N\Phi = LI$，所以，电动势的大小与电流的变化率成正比，若线圈中电流恒定，则自感电动势的大小等于零，即线圈中通过直流电时不产生自感现象。若线圈中电流变化率相同，显然电感 L 越大的线圈所产生的自感电动势越大，自感作用越强。

 案例 自感现象的应用

自感现象在各种电器设备和无线电技术中有着广泛的应用。荧光灯的镇流器就是利用线圈自感的一个例子。图 2-27 是荧光灯的电路图。

一、结构

荧光灯主要由灯管、镇流器和辉光启动器组成。镇流器是一个带铁心的线圈，辉光启动器的结构如图 2-28 所示。它是一个充有氖气的小玻璃泡，里面装有两个电极，一个固定不动的静触片和一个用双金属片制成的 U 形触片。灯管内充有稀薄的水银蒸气，在管壁上涂有荧光粉。

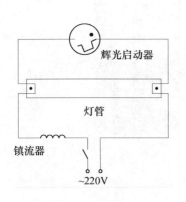

图 2-27 荧光灯电路图

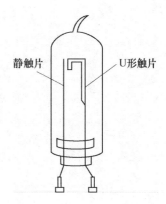

图 2-28 辉光启动器的结构

二、工作原理

当开关闭合后，电源把电压加在辉光启动器的两极之间，使氖气放电而发出辉光，辉光产生的热量使 U 形触片膨胀伸长，跟静触片接触而使电路接通，于是镇流器的线圈和灯管的灯丝中就有电流通过。电流接通后，辉光启动器中的氖气停止放电，U 形触片冷却收缩，两个触片分离，电路自动断开。在电路突然断开的瞬间，镇流器的两端产生一个瞬时高压,这个电压和电源电压都加在灯管两端,使灯管中的水银蒸气开始导电,并激发荧光灯管壁上的荧光粉发光。在荧光灯正常发光时,与灯管串联的镇流器就起着降压限流的作用,保证荧光灯的正常工作。

自感现象也有不利的一面。在自感系数很大而电流又很强的电路中,切断电源瞬间,由于电流在很短的时间内发生了很大变化,会产生很高的自感电动势,会将电源开关处的空气击穿,在断开处形成电弧,这不仅会烧坏开关,甚至会危及工作人员的安全。因此,切断这类电源必须采用特制的安全开关。

知识链接五 电感

电感元件在电子电路中主要与电容组成 LC 谐振回路,其作用是调谐、选频、振荡、阻流及带通(带阻)滤波等。电感器和电容器一样,也是一种储能元件,它能把电能转变为磁场能,并在磁场中储存能量。电感器用符号 L 表示,它的基本单位是亨〔利〕(H),常用毫亨(mH)、微亨(μH)为单位,$1H = 10^3 mH = 10^6 \mu H$。人们还利用电感的特性,制造了阻流圈、变压器、继电器等。

小小的收音机上就有不少电感线圈,几乎都是用漆包线绕成的空心线圈或在骨架磁心、铁心上绕制而成的。有天线线圈(它是用漆包线在磁棒上绕制而成的)、中频变压器(俗称中周)、输入输出变压器等。常见电感器如图 2-29 所示。

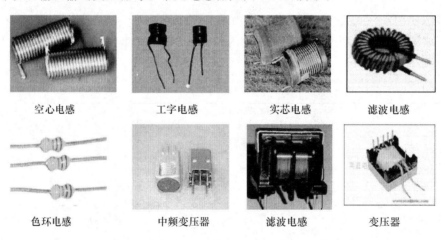

空心电感　　　　工字电感　　　　实芯电感　　　　滤波电感

色环电感　　　中频变压器　　　滤波电感　　　　变压器

图 2-29　常见的电感器

任务三　互感与变压器

研究一 互感现象

如图 2-30 所示,线圈 A 和滑线变阻器 R_P、开关 S 串联起来接到电源上,线圈 B 的两端分别和灵敏检流计 G 的两个接线柱连接。

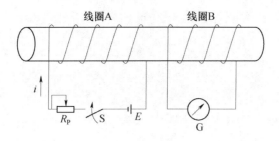

图 2-30　互感

观察实验现象，记录以下现象。

开关 S 闭合或断开的瞬间灵敏检流计指针的方向 _____。

结论：当开关 S 闭合或断开的瞬间灵敏检流计发生偏转，且开关闭合和断开时指针偏转的方向相反。

 **互感**

一、互感现象

如图 2-31 所示，两个靠得很近的线圈 A、B，当线圈 A 的电流变化时，穿过线圈 B 的磁通量发生变化，在线圈 B 中就会产生感应电动势；同样，如果线圈 B 中的电流变化时，线圈 A 中的磁通量发生变化，在线圈 A 中也会产生感应电动势。这种一个回路中的电流改变时，在附近其他回路中发生电磁感应的现象，叫作互感现象，所产生的感应电动势叫作互感电动势。

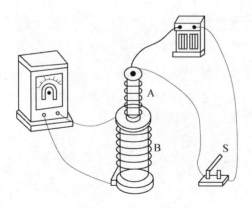

图 2-31　互感实验

二、互感系数

在图 2-32 中，当线圈 W_1 中有电流 i_1 流过时，它所产生的磁通 Φ_1 必然有一部分要穿过线圈 W_2，这一部分磁通叫互感磁通，用 Φ_{21} 表示，它在第二个线圈上产生互感磁链为 $N_2\Phi_{21}$，记作 Ψ_{21}。同样，当线圈 W_2 中有电流 i_2 流过时，它所产生的磁通 Φ_2 也必然有

一部分 Φ_{12} 要穿过线圈 W_1，它在第二个线圈上产生互感磁链为 $N\Phi_{12}$，记作 Ψ_{12}。

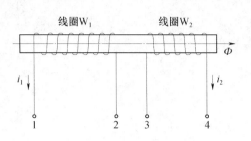

图 2-32　互感系数测定

类比于自感系数，定义互感系数（用 M 表示）为 $M = \dfrac{\Psi_{21}}{i_1} = \dfrac{\Psi_{12}}{i_2}$

即在两个有磁交链（耦合）的线圈中，互感磁链与产生此磁链的电流比值，叫作这两个线圈的互感系数（或互感量），简称互感，用符号 M 表示。互感系数的单位和自感系数一样，也是 H。

通过推导我们还可以得出互感系数与它们的自感系数的关系为：$M = K\sqrt{L_1 L_2}$，L_1 和 L_2 分别为两线圈的自感，K 称为耦合系数，$0 \leqslant K \leqslant 1$。$K=0$ 时，$M=0$，表示两线圈的磁通互不交链，不存在互感；$K=1$ 时，一个线圈产生的磁通完全与另一个线圈相交，其中没有漏磁通，因此产生的互感最大，称为全耦合。

由以上分析可知，互感系数取决于两线圈的自感系数与耦合系数，反映了两线圈耦合的紧密程度，与互感电动势、互感电流之间有密切的关系。

三、互感电动势

如图 2-32 所示，i_1 所产生的穿过线圈 W_2 的磁链为 Ψ_{21}，根据法拉第电磁感应定律可知，在 W_2 中产生的互感电动势 E_{M2} 为

$$E_{M2} = \frac{\Delta \Psi_{21}}{\Delta t} = M\frac{\Delta i_1}{\Delta t}$$

同理，线圈 W_2 中电流 i_2 的变化在线圈 W_1 中的互感电动势为

$$E_{M1} = \frac{\Delta \Psi_{12}}{\Delta t} = M\frac{\Delta i_2}{\Delta t}$$

由此可见，互感电动势的大小与互感系数的大小成正比，与另外一个线圈的电流变化率成正比。互感现象在电工和电子技术中应用是非常广泛的，如电力变压器、电流互感器、电压互感器等都是根据互感原理工作的。

 磁路与铁磁材料

一、磁通

如图 2-33 所示，当线圈中通以电流后，大部分磁力线沿铁心、衔铁和工作气隙构成回路，这部分磁通称为主磁通；还有一部分磁通，没有经过气隙和衔铁，而是经空气自成回路，这部磁通称为漏磁通。

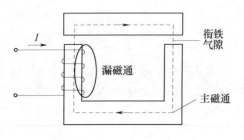
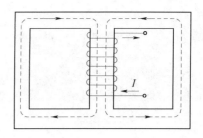

图 2-33　主磁通和漏磁通　　　　图 2-34　有分支磁路

二、磁路

磁通经过的闭合路径叫磁路。磁路和电路一样，分为有分支磁路和无分支磁路两种类型。图 2-33 所示的磁路无分支磁路，图 2-34 所示为有分支磁路。在无分支磁路中，通过每一个横截面的磁通都相等。

三、磁动势

通电线圈产生的磁通 Φ 与线圈的匝数 N 和线圈中所通过的电流 I 的乘积成正比。我们把通过线圈的电流 I 与线圈匝数 N 的乘积，称为磁动势，也叫作磁通势，即 $E_m = NI$，磁动势 E_m 的单位是安［培］（A）。

知识拓展一　涡流的应用 ——电磁炉

仔细观察发电机、电动机和变压器，可以看到它们的铁心都不是整块金属，而是用许多薄的硅钢片叠合而成的。为什么会这样呢？

原来，把块状金属放在变化的磁场中，或者让它在磁场中运动时，金属块内将产生感应电流。这种电流在金属块内自成闭合回路，很像水的旋涡，因此叫作涡电流，简称涡流。整块金属的电阻很小，所以涡流常常很强。

当加热线圈中通入频率很高的交变电流时，就会产生交变磁场，磁力线穿过铁磁材料制成的锅底产生涡流，锅就被加热了，如图 2-35 所示。

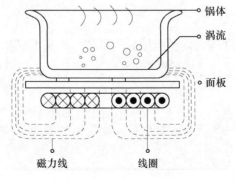

图 2-35　电磁炉工作原理

 **变压器的工作原理**

变压器是一种利用互感原理，把输入的交流电压升高或降低为同频率的交流输出电压，以满足高压输电、低压配电及其他用途需要的电气设备。变压器既可变压，将交流电压升高或降低；又可变流，将交流电流变大或变小；还可以用来改变阻抗、相位等，用途十分广泛。

一、变压器的基本结构

变压器的种类虽然繁多，但其结构都基本相似，就工作原理来看，主要由铁心和绕组（线圈）两部分组成，并由它们组成变压器的器身。

铁心构成了变压器的磁路通道，为了提高导磁性能，减少涡流损耗和磁滞损耗，铁心一般都采用 0.35mm 厚度、相互绝缘的硅钢片叠装而成，片间彼此绝缘。通信用的变压器铁心常用铁氧体铝合金等磁性材料制成。

如图 2-36 所示，按照铁心构造形式，变压器的常见结构可分为心式和壳式两种。图 2-36（a）所示变压器，绕组包着铁心，这种结构称为心式结构。这种结构比较简单，有较多的空间装设绝缘，装配也比较容易，适用于容量大、电压高的变压器。图 2-36（b）所示变压器铁心包着绕组，这种结构称为壳式结构。这种结构的机械强度较好，铁心散热容易，但外层绕组的用铜量较多，制造较为复杂。

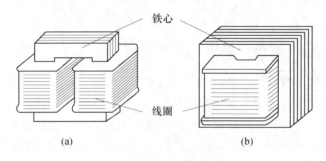

图 2-36　变压器的常见结构
（a）心式；（b）壳式

二、变压器的工作原理

变压器是按电磁感应原理工作的。把变压器的一次绕组接在交流电源上，在铁心中产生交变磁通，在一次绕组中产生自感电动势，在二次绕组产生互感电动势。此时，如果在二次绕组接上负载，那么在感应电动势的作用下，变压器就要向负载输出功率。

图 2-37 为变压器工作原理示意图，其一次绕组的匝数为 N_1，二次绕组的匝数为 N_2，输入电压、电流为 u_1 和 i_1，输出电压、电流为 u_2 和 i_2，负载为 Z_L。

三、变压器空载运行的电压比

在图 2-37 中，如果在一次绕组两端加有交流电压 u_1，断开负载 Z_L，则二次绕组所

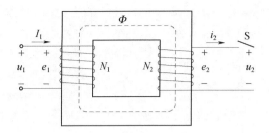

图 2-37 变压器工作原理图

流过的电流 $i_2 = 0$，这时一次绕组电流为 i_0，这种状态称为变压器的空载运行状态。

由于用铁磁材料作磁路，漏磁很小，可以忽略。根据理论推导或实验可得，变压器一、二次绕组的电压之比为

$$\frac{U_1}{U_2} = \frac{N_1}{N_2} = K$$

式中 K——变压器的电压比。

变压器的一、二次绕组的端电压之比等于一、二次绕组的匝数之比，匝数多的绕组两端电压高，匝数少的绕组两端电压低，因此通过改变一、二次绕组的匝数，就可以达到升高或降低电压的目的。

当 $K > 1$ 时，$U_1 > U_2$，$N_1 > N_2$，变压器为降压变压器；反之，$K < 1$ 时，$U_1 < U_2$，$N_1 < N_2$，变压器为升压变压器。

四、变压器负载运行时的电流比

当变压器接上负载 Z_L 后，二次绕组中的电流为 i_2，一次绕组上的电流将变为 i_1，忽略一、二次绕组的电阻、铁心的磁滞损耗、涡流损耗时，变压器输入功率必定等于负载消耗的功率，即 $U_1 I_1 = U_2 I_2$，因此可得

$$\frac{I_1}{I_2} = \frac{U_2}{U_1} = \frac{N_2}{N_1} = \frac{1}{K}$$

由此可知，变压器带负载工作时，一、二次绕组的电流有效值之比与它们的电压比或匝数比成反比。变压器在改变了交流电压大小的同时，也改变了交流电流的大小，匝数多的绕组两端电压高，回路电流小；匝数少的绕组两端电压低，回路电流大。变压器既具有改变电压的作用，又具有改变电流的作用。

五、变压器的阻抗变换作用

根据欧姆定律 $U_1 = I_1 Z_1$ $U_2 = I_2 Z_2$
代入 $U_1 I_1 = U_2 I_2$，可得

$$\frac{|Z_1|}{|Z_2|} = \frac{I_2^2}{N_1^2} = \frac{N_2^2}{N_1^2} = K^2$$

即 $|Z_1| = K^2 |Z_2|$

二次侧阻抗等效到一次侧时的等量关系，只要改变 K，就可在二次侧阻抗不变的情况下，在一次侧得到不同的等效阻抗。

对于电子线路，如收音机电路，我们可以把它看成一个信号源加一个负载。要使负载获得最大功率，其条件是负载的电阻等于信号源的内阻，此时称为阻抗匹配，但实际电路中，负载电阻并不等于信号源内阻，这时我们就需要用变压器来进行阻抗变换。

【思考】

某晶体管收音机输出变压器的电压比为3，原绕组匝数 N_1 为240匝，扬声器的阻抗为8Ω。现要改接4Ω的扬声器，问在一次绕组不变的情况下，二次绕组匝数应为多少匝？

知识链接四　三相变压器

交流电能的生产、输送和分配，几乎都是采用三相制。在电能传输过程中，为了减少传输损耗，需把生产出来的电能用三相变压器升压后再输送出去，到用户后，再用三相变压器降压后供用户使用。因此，需要使用三相变压器进行三相电压的变换。

如图 2-38（a）所示，由三个单相变压器构成三相变压器组。为了使结构上更加紧凑、节约材料，制造时将其合成一台三相变压器。三相变压器的每个铁心柱上都套着同一相的一、二次绕组，如图 2-38（b）所示。

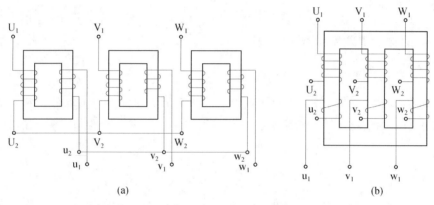

图 2-38　三相变压器原理图

知识拓展二　磁屏蔽

一、磁屏蔽的概念

在电子电路中，仪器中的变压器或其他线圈所产生的漏磁通，可能会影响某些元器件的正常工作，出现干扰和自激，因此必须将这些元器件屏蔽起来，使其免受外界磁场的影响，这种措施叫磁屏蔽。

二、磁屏蔽方法

（1）利用软磁性物质制成屏蔽罩，将需要屏蔽的元器件放在罩内。常常用铜或铝等导电性能良好的金属制成屏蔽罩。

(2) 将相邻的两个线圈互相垂直放置。

　　　电磁铁

电磁铁是指内部带有铁心、利用通有电流的线圈使其像磁铁一样具有磁性的装置，通常制成条形或蹄形。其铁心要用容易磁化、又容易消失磁性的软铁或硅钢来制作。这样，电磁铁在通电时有磁性，断电后磁性就随之消失。

电磁铁有许多优点：磁性的有无，可以用通、断电流来控制；磁性的大小，可以用电流的强弱或线圈的匝数来控制。电磁铁在日常生产和生活中有极其广泛的应用，如电磁继电器（见图 2-39）。

图 2-39　电磁继电器

任务四　电场与电容

电容在电子电路、家用电器中有着广泛的应用。通过本任务的学习，能够理解电路中常见电容器的作用，能识别常见的电容器，检测电容的好坏，根据要求更换电容。通过病员呼叫电路的安装与调试进一步理解电容的应用。

研究一　雷电与放电模拟

将感应起电机的两个金属球分开约 10mm。摇动起电机，可以看到金属球之间出现电火花，同时发出轻微的"嘀嘀"声。继续摇动起电机，同时逐渐拉大两个金属球之间的距离至 20~30mm。这时可以看到两个金属球之间出现明亮的电闪光，同时可听到清脆的"噼噼"声。这种现象叫作放电。雷电即是自然界中发生的大规模放电现象。能够产生放电现象的原因是电荷周围存在电场。

知识链接一　电场

一、电场

我们知道同种电荷相互排斥，异种电荷相互吸引，这是因为电场存在于电荷周围。传递电荷与电荷之间相互作用的物理场叫作电场。观察者相对于电荷静止时所观察到的场称为静电场。常见的静电场如图 2-40 所示。

二、电场强度

1. 电场强度的定义

电场强度是用来表示电场的强弱和方向的物理量，简称场强。实验表明，在电场中某

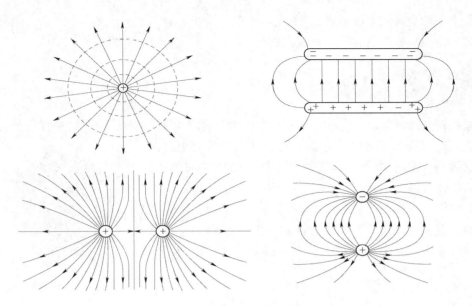

图 2-40 常见的静电场

一点的电场强度为

$$E = F/Q$$

式中 Q——试验电荷所带的电量，单位为 C；

F——试验电荷所受的力，单位为 N；

E——试验电荷所在处的电场强度，单位为 N/C。

按照定义，电场中某一点电场强度的方向可用试验点电荷（正电荷）在该点所受电场力的方向来确定；电场强弱可由试验点电荷所受的力与其所带电量的比值确定。

试验点电荷应该满足以下两个条件。

（1）它的体积必须小到可以被看作一个点，以便确定场中每点的性质；

（2）它的电量要足够小，它的置入不会引起原有电场的重新分布。

要注意的是，只要有电荷存在就有电场存在，电场的存在与否与是否引入试验点电荷无关。

2. 匀强电场与电容

场强的大小和方向处处相同的电场，叫作匀强电场，如图 2-41 所示。匀强电场中的电场线是距离相等的平行线。平行正对的两金属板分别带有等量的正、负电荷时，在两板之间（除边缘外）的电场就是匀强电场。两个靠近的金属板（或金属导体）具有储存电荷的能力，我们把它叫作电容器，简称电容。

研究二 **电容储能**

电容器是储存电荷的元件，在日常生活中，各类家用电器上都少不了电容器这一基本元件。我们可以用实验或仿真实验的方法来学习与研究电容器储存、释放电荷的过程，即储备电能的过程。

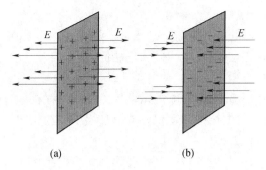

图 2-41 匀强电场

(a) 正电荷极板；(b) 负电荷极板

按图 2-42 连接电路或通过仿真软件进行实训。

（1）从 Proteus 库中选取元器件，元器件明细表如表 2-2 所示。

表 2-2 实验所需元器件

元器件名称	所属类	所属子类	标识	值
RES	DEVICE	Generic	R	200Ω、10kΩ
BATTERY	ACTIVE	Sources	E	12V
CAP—ELEC	DEVICE	Generic	C	1000μF
LED	ACTIVE	Optoelectronics	D	
SW—SPDT	ACTIVE	Switches	SW	

（2）放置元器件，放置电源和地，连线，设置器件属性，电气检测，所有操作是在 I-SIS 中进行。

（3）单击运行按钮，启动仿真，完成下列操作并记录现象。

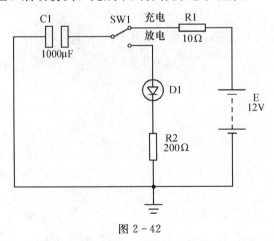

图 2-42

1）将开关往上合，保持一段时间后断开开关，用电压表测量电容两端的电压，并记录：_____。

2）将开关往下合，观察 LED（发光二极管）亮度以及电压表读数的变化并记录：_____。

89

现在我们来研究实验现象：

1）开关向上闭合时，电容器两端的电压是瞬间到达12V的吗？这说明了什么？

2）开关向下闭合时，电源并没有对LED提供电能，那二极管为什么会发光呢？试分析原因。

提示：充电过程中由电源获得的电能以电场的形式储存在电容中，称为电场能；放电过程，实际上是两极板上的电荷中和过程，放电过程中电场能转化为其他形式的能（LED的光能和电阻上的热能）。

通过实训可以得出结论，电容是一个储能元件，与电源相连时充电，与负载相连时放电，这就是电容的充放电过程。

 **平行板电容器及其参数**

一、平行板电容器

在两个正对的平行金属板中间夹上一层绝缘物质——电介质，就构成一个最简单的电容器，叫作平行板电容器，如图2-43所示。电容器就是一种用来储存电荷和电场能量的"容器"。任何形状的两个导体中间隔以绝缘物质构成的整体就是一个电容器，其中两个导体称为极板。

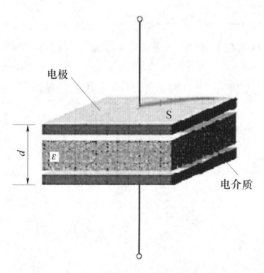

图2-43 平行板电容器的结构

电容器两极板接上电源后就开始储存电荷，带正电荷的极板叫正极板，带负电荷的极板叫负极板。与此同时，两极板间建立起电场，并储存电场能量。当电源断开后，电荷在一段时间内仍聚集在极板上，内部电场仍然存在，故电容器是一种能够储存电场能量的元件，广泛应用于耦合电路、滤波电路、调谐电路、振荡电路等。在电力系统中，电容器可以用来改善系统的功率因数，提高电能的利用率。

二、电容器的参数

电容器的两个主要参数：电容量和耐压值。

1. 电容量

电容量（简称电容）是衡量电容器储存电荷能力大小的一个物理量。实验表明，平行板电容器的电容量 C 与电介质的介电常数 ε 成正比，与正对面积 S 成正比，与极板间的距离 d 成反比，即

$$C = \varepsilon \frac{S}{d}$$

部分常见电介质的介电常数见表 2-3。

表 2-3 　　　　　　　　　　部分常见电介质的介电常数

名称	介电常数	名称	介电常数	名称	介电常数
空气	1	云母	2.2	石蜡	2.0~2.1
聚苯乙烯	1.05~1.5	石膏	1.8~2.5	琥珀	2.8
玻璃	4~11	橡胶	2~3	超高频瓷	7~8.5

理想电容器存储的电量 q 正比于极板间的电压，比例常数为电容 C，即

$$q = CU$$

式中　　C——电容器的电容量，单位为 F；

U——极板间电压，单位为 V，参考方向规定为从正极板指向负极板；

q——极板上所带电量，单位为 C。

实际应用中，由于 F 单位太大，所以常用的单位有微法（μF）和皮法（pF），它们之间的换算关系为 $1pF = 10^{-6} \mu F = 10^{-12} F$。

通常电容器的电容量 C 是一个常数，只与极板面积的大小、形状、极板间的距离和电介质有关，与电压 U 和电荷 q 无关。实际电容器都在其外壳上标有电容量的大小，这个容量称为标称容量。电容器的实际容量与标称容量之间的误差，反映了实际电容器的精度。

2. 工作电压

通常在电容器上都标有额定工作电压（也叫耐压值）。在使用时所加的工作电压不得超过其耐压值，否则，电容器会被击穿而损坏。

常见电容器见图 2-44 所示。

除电容器外，由于电路的分布特点而具有的电容叫分布电容，例如线圈的相邻两匝之间、两个分立的元件之间、两根相邻的导线间、一个元件内部的各部分之间，都具有一定的电容。它对电路的影响等效于给电路并联上一个电容器，这个电容值就是分布电容。由于分布电容的数值一般不大，在低频交流电路中，分布电容的容抗很大，对电路的影响不大，因此在低频交流电路中，一般可以不考虑分布电容的影响。但对于高频交流电路，分布电容的影响就不能忽略不计了。

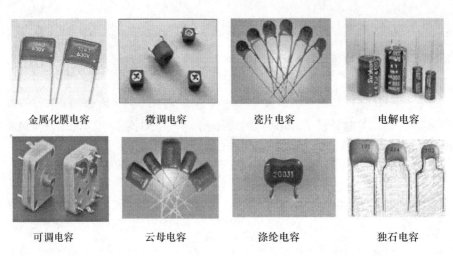

| 金属化膜电容 | 微调电容 | 瓷片电容 | 电解电容 |
| 可调电容 | 云母电容 | 涤纶电容 | 独石电容 |

图 2 - 44　常见电容器

研究三　**电容器的并联电路**

按图 2 - 45 所示连接电路。调节电源电压 E，使其分别为 5V、8V，使用万用表的直流电压挡测量 C_1、C_2、C_3 两端的电压，并将两次测量结果记录在表 2 - 4 中。

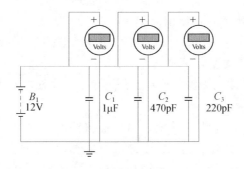

图 2 - 45　电容器并联电路实训

表 2 - 4　　　　　　　　　　　　　　　测量结果

电源电压 E/V	C_1 端电压 U_1/V	C_2 端电压 U_2/V	C_3 端电压 U_3/V
5			
8			

分析实验测量结果，完成以下计算。

(1) 电源电压与各电容两端电压的关系。

(2) 各电容的电量。

(3) 总电容与各电容的关系。

知识链接三　电容并联电路的特点

通过电容元件的并联实验研究，我们可以得到以下结论。

(1) 各电容两端电压相等，且等于电路两端总电压，即 $U_1 = U_2 = U_3 = U$。

(2) 而根据能量守恒定律可以得知，电容器组储存的总电量等于各电容器储存电量之和，即 $q = q_1 + q_2 + q_3$，其中，$q_1 = C_1 U$、$q_2 = C_2 U$、$q_3 = C_3 U$。

(3) 并联电容器组的总电容（等效电容）等于各电容器电容量之和，即

$$C = \frac{q}{U} = \frac{q_1 + q_2 + q_3}{U} = C_1 + C_2 + C_3$$

可见，电容器并联可以增大电容量。值得注意的是，应用电容器的并联增大电容量时，不能忽视电容器的耐压值。任一电容器的耐压值均不能低于外加的工作电压，否则该电容器会被击穿。所以，并联电容器组的耐压值等于各电容器中耐压值最小的那个值。

研究四　电容器的串联电路

按图 2-46 连接电路，使用交流信号源产生峰值为 10V（有效值约为 7.07V）、频率为 1000Hz 的正弦波，改变正弦波的峰值电压，并用万用表的直流电压挡测量 C_1、C_2、C_3 两端的电压，将结果记入表 2-5 中。

VSINE 虚拟交流信号激励源的使用参考项目四任务一的知识链接二虚拟交流信号激励源。

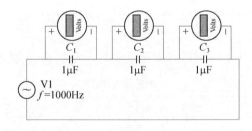

图 2-46　电容器串联实验与研究

表 2-5　　　　　　　　　　　　测量结果

电源峰值电压/V	C_1 端电压 U_1/V	C_2 端电压 U_2/V	C_3 端电压 U_3/V
5			
8			

分析、研究实验过程，回答以下问题。

(1) 总电压与各电容电压关系。

(2) 各电容的电量。

(3) 总电容与各电容的关系。

知识链接四 **电容器串联电路的特点**

由电容器串联电路的实验研究可以得到以下结论。

（1）总电压等于各电容电压之和，即

$$U_1 + U_2 + U_3 = U$$

（2）总电容的电量等于任一电容的电量，即

$$q_1 = q_2 = q_3 = q$$

（3）串联时等效电容的倒数等于各电容的倒数之和，即

$$\frac{1}{C} = \frac{1}{C_1} + \frac{1}{C_2} + \frac{1}{C_3}$$

电容器串联时工作电压的选择：求出每一个电容器允许储存的电量（即电容乘以耐压），选择其中最小的一个（用 $q_{\min}$ 表示）作为电容器组储存电量的极限值，电容器组的耐压就等于这个电量除以总电容，即

$$U = \frac{q_{\min}}{C}$$

说明：当 n 个相同的电容串联时，电容器组的总耐压值为单个电容器耐压值的 n 倍，故电容器串联可提高耐压。

研究五 **电容器在电路中的应用**

在很多家用电子产品中都要用到直流电源。其典型电路如图 2-47 所示。按图 2-47 连接电路并完成以下实验，用示波器分别测量 3、8 点的波形并在绘图纸上绘出。

（1）从 Proteus 库中选取元器件，元器件明细表如表 2-6 所示。

表 2-6 实验所需元器件

元器件名称	所属类	所属子类	标识	值
RES	DEVICE	Generic	R	400
B40C100	BRIDGE	Bridge Rectifiers	B	
CAP-ELEC	DEVICE	Generic	C	$100\mu F$
TRAN-2P2S	DEVICE	Transformers	TR	
SW-SPDT	ACTIVE	Switches	SW	
VSINE	ASIMMDLS	Sources	V	220V，50Hz

（2）放置元器件，放置示波器（按下，在出现的界面上选择 OSCILLOSCLPE），连线，设置器件属性，电气检测，所有操作是在 ISIS 中进行。

示波器的使用参考项目三任务一的知识拓展—"双踪示波器的使用"。

（3）单击运行按钮，启动仿真，完成下列操作并记录现象。

1）三个开关皆不闭合，使用示波器分别测量 3、8 点的波形，请在绘图纸上绘出。

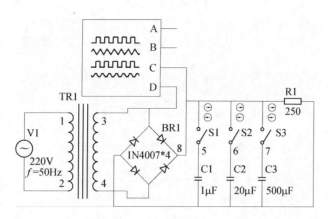

图 2 - 47 直流电源的典型电路

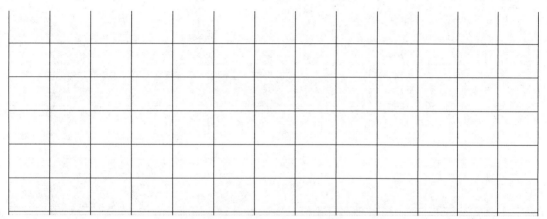

2）闭合 S1 （S2、S3 处于断开状态），使用示波器分别测量 3、8 点的波形，请在绘图纸上绘出。

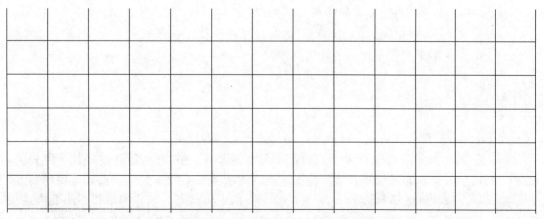

3）闭合 S2 （S1、S3 处于断开状态），使用示波器分别测量 3、8 点的波形，请在绘图纸上绘出。

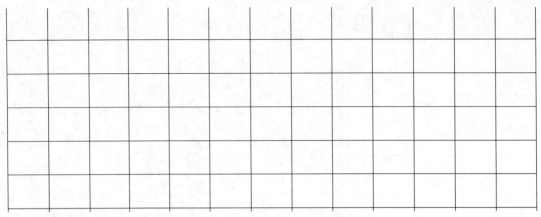

4）闭合 S3（S1、S2 处于断开状态），使用示波器分别测量 3、8 点的波形，请在绘图纸上绘出。

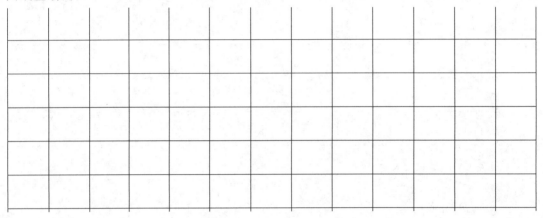

【思考】

（1）有电容并联在负载上时，整流电路输出波形与并联 $1\mu F$ 的电容时相比有何特点？与并联 $20\mu F$ 的电容时相比又有何特点？

（2）并联 $1\mu F$ 的电容时与并联 $20\mu F$ 的电容时输出波形一致吗？并联 $20\mu F$ 的电容与并联 $500\mu F$ 的电容又有何不同，有什么规律？

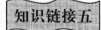 **电容滤波**

用 Proteus 软件仿真研究五，得到的结果如图 2-48 所示。

图 2-48（a）是开关全部处于打开状态时的波形图。由于没有电容并联在电路上，是一个经过全波整流的正弦波，通常这样整流后的波形并不能作为真正的"直流电"，无论是给稳压二极管供电还是给 78、79 系列的三端稳压块供电，这样的电压都不能直接使用。因为其中还有很大的"交流成分"，我们需要的是几乎不变的"直流电"。

图 2-48（b）是并联了 $1\mu F$ 电容的波形图，与图（a）比较几乎没有什么变化，可见小电容并不能完成滤低频波的工作。

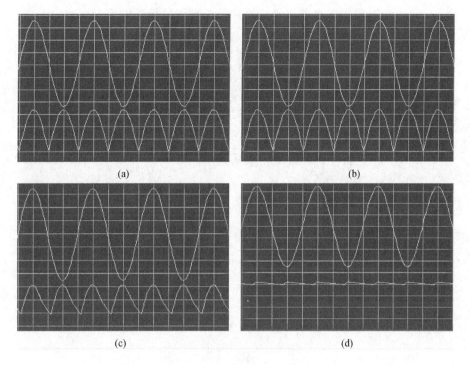

(a)   (b)

(c)   (d)

图 2-48　电容滤波实验结果图

（a）开关全部都打开；（b）并联 $1\mu F$ 的电容；（c）并联 $20\mu F$ 的电容；（d）并联 $500\mu F$ 的电容

图 2-48（c）是并联了 $20\mu F$ 电容的波形图，可见"交流成分"被滤去了一点，已经比较接近直流电，但是还不完美。

图 2-48（d）是并联了 $500\mu F$ 电容的波形图，可以看到波形后半部分已经接近于一个直流电了。这样的直流电就能够很好地用来给数字系统供电了。

由此可以得到结论：电容越大，滤低频的效果就越好。

如图 2-49 所示，在实际电路中，通常采用稳压二极管来完成稳压工作，在图中使用了稳压值为 5V 的稳压二极管，两端输出波形如图 2-49（b）所示。

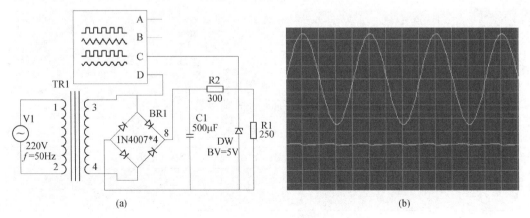

(a)   (b)

图 2-49　稳压二极管稳压实验

（a）实际稳压电路图；（b）稳压后波形

97

可以看出这里的波形依然有些抖动，这种抖动是由稳压二极管产生的，无法消除，但是对负载的影响已经很小了。

图 2-50 所示为计算机主板上的滤波电容，它们可以为计算机的 CPU 提供稳定的直流电。

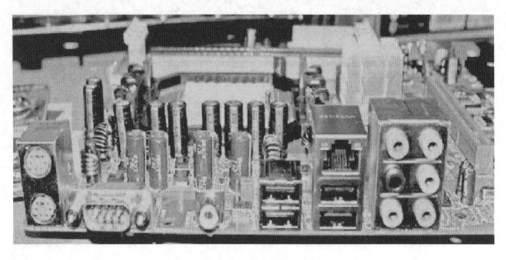

图 2-50　计算机主板上的滤波电容

知识拓展一　　电容滤波原理

电容具有通高频、阻低频的作用，在实际应用电路中，常见到一个电容量较大的电解电容并联了一个小电容，这时大电容用来通低频信号，小电容用来通高频信号。电容两端的电压不会突变。由此可知，它把电压的变化转化为电流的变化，频率越高，峰值电流就越大，从而缓冲了电压的变化。滤波就是电容充电、放电的过程。（充放电过程参考后面内容）。

研究六　　隔直电容

按图 2-51 连接电路，R1 参考阻值为 $2.47k\Omega$，电容为 $1\mu F$ 无极性电容。使用万用表的交流电流挡测量电路电流，按要求读数并总结规律。

（1）从 Proteus 库中选取元器件，元器件明细表如表 2-7 所示。

表 2-7　　　　　　　　　　　　　　实验所用元器件

元器件名称	所属类	所属子类	标识	值
RES	DEVICE	Generic	R	$2.47k\Omega$
CAP	DEVICE	Generic	C	$1\mu F$

（2）放置元器件，放置信号发生器，连线，设置器件属性，电气检测，所有操作是在

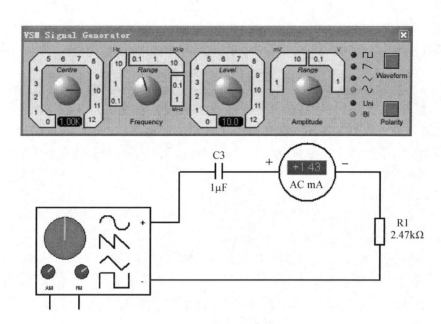

图 2-51　隔直电容实验

ISIS 中进行。（注：信号发生器的使用参考知识链接五）

（3）单击运行按钮 ▶ ，启动仿真，完成下列操作并记录现象。

将信号源设置为峰峰值为 10V，频率从 2kHz 逐渐递减至 1Hz，将电流表的读数填写在表 2-8 中。

表 2-8　　　　　　　　　　　　　　隔直电容实验数据记录表

频率 f/Hz	电流 I/mA	频率 f/Hz	电流 I/mA	频率 f/Hz	电流 I/mA
2000		1500		1000	
500		100		1	

由实验可以得到：随着频率的降低，电流表的读数逐渐（　　）；当频率接近 0 时，电流接近（　　）。由此可得结论：电容具有（　　）的作用。

参考答案：减小、0、隔直。

知识拓展二　　常见的电容器

一、电容器的品质与品牌

在电子线路维修中，通常需要采购电容器，而在电路中最常见的是电解电容器，其品牌与品质的关系很大，有必要对电容器的品牌作一了解。

通常不同品牌不同种类的电容都在外表上有所区别，以方便厂商和用户，具体可以从电容顶部、电容外壳颜色和标注信息这三方面区分。由于正规大厂生产的电容都具有各自的特点，所以很好区分。

常说的"液态电容"与"固态电容"、"加套电容"和"铝壳电容"是怎么回事呢？其实，它们均指铝电解电容器。所谓"液态"或"固态"是指电解质的形态。由于液态电解质在高温下容易大幅度膨胀，为了安全通常会在电容器顶部留有防爆槽（为防止爆炸，并非防止爆浆），让电解质可以渗漏出来以避免爆炸，这就是"电容爆浆"。这个设计就好像当年的高压锅上的保险垫片，如上所述都为液态电容。而固态电解质基本不用担心这个问题，只要将空气抽净基本不会因受热膨胀发生爆炸，所以此类电容器一般没有防爆槽。

1. 液态电解电容

（1）红宝石电解电容。以红宝石电容为代表，其特点是电容侧面写着 Rubycon，顶部有"K"字防爆凹槽，褐色或者紫色外皮，如图 2-52 所示。

（2）三洋电解电容。三洋电解液电容也是一个"K"字防爆凹槽，但和红宝石的不同，读者可以仔细比较，外皮上会有 SANYO 标志，这是辨别三洋和红宝石最为直接的方法，如图 2-53 所示。

图 2-52　红宝石电解电容

图 2-53　三洋电解电容

（3）Nichcon 电解电容。Nichcon，中文名字尼奇康，顶部有一"十"字防爆凹槽，侧面上写着"Nichcon"，一般为黑色，如图 2-54 所示。

图 2-54　Nichcon 电解电容

图 2-55　日本化工电解电容

（4）日本化工电解电容。Nippon Chemicon（日本化工）电容顶部的防爆凹槽是三瓣型的，呈120°，常用的有 KZG 和 KZE 两个型号，分别为棕色和绿色。在电容的侧面可以清晰地看到 KZG 或者 KZE 字样，这是此类电容最好的辨认方式，如图 2-55 所示。

（5）松下电解电容。松下（Panasonic）采用独特 T 型凹槽，黑色塑料包皮，采用此凹槽的独此一家，如图 2-56 所示。

图 2-56　松下电解电容

2. 固态电容（采用铝固体聚合物作为阴极材质的电容）

固态电容具备环保、低阻抗、高低温稳定、耐高纹波及高信赖度等优越特性，是目前电解电容产品中最高阶的产品。由于固态电容特性远优于液态铝电容，固态电容耐温达260°，且导电性、频率特性及寿命均佳，适用于低电压、高电流的应用，因此价格比电解电容要贵。

（1）三洋固态电容（SVP、SEP 等系列）。三洋固态电容以紫色为标记。三洋的 Oscon 系列电容最为出名，广为人知的 SVP、SEP 等型号的电容就隶属于 Oscon 系列里的导电性高分子铝固态电容系列，前后有标注 S 的（如 SEPS）性能更佳，如图 2-57 所示。

（2）日本化工固态电容。日本化工 PS 系列铝聚合物超低阻系列，以浅蓝色为标记，广泛用于显卡、主板供电上，如图 2-58所示。

图 2-57　三洋固态电容　　　　　　图 2-58　日本化工固态电容

（3）富士通 L8 固态电容。富士通 L8 固态电容采用铝壳封装，红色标记，标注有 F 字样，很好辨认。富士通电容工作适应温度为 -55~105℃，阻抗在 100MHz 环境下已经低于 10mΩ，在 105℃ 的严酷环境中可以连续工作达 4 万小时以上，如图 2-59 所示。

（4）Nichicon 固态电容。用在板卡上面的主要由 LF、LE 系列，标识上都会打上具体系列，蓝色标记。Nichicon 固态电容拥有极低的 ESR 值、超大容量和容许纹波电流特性，耐高温，漏损电流超低，性能全面。在铭瑄 8600GT 终结者上全部的固态电容都采用了 LF 和 LE 系列，如图 2-60 所示。

图 2-59　富士通 L8 固态电容　　　　　图 2-60　Nichicon 固态电容

（5）台湾立隆（LELON）OCR 固态电容。立隆出品的 OCR 固态电容是台湾固态电容的代表，以蓝色为标记，顶部打上醒目 OCR 字样，性能优越，价钱便宜，如图 2-61 所示。

3. 钽电解电容

钽电解电容的体积很小，都使用贴片式安装，其外壳一般用树脂封装，但它的容量并不小，很多型号的容量和电压都能够接近于传统的直立铝电解电容。但要注意的是，钽电容的阳极是钽，阴极也是电解质，因此钽电容也属于电解电容。

钽电容的介质为阳极氧化后生成的五氧化二钽，它的介电能力比铝电容的三氧化二铝要高。因此在同样容量的情况下，钽电容的体积能比铝电容做得更小。再加上钽的性质比较稳定，所以通常认为钽电容性能比铝电容好。

图 2-61　LELON OCR 固态电容

4. 假固态电容

假固态电容极像固态电容的铝壳电解液电容，不同的是使用"K"形防爆槽，如图 2-62 所示。

图 2-62 假固态电容

二、常见电容器的种类

1. 按电容器的封装类型分类

（1）穿孔式。穿孔式封装的元器件是最常用的类型，如图 2-63 所示，还可进一步分为引线式和插接式两种，它们的显著标志就是拥有引脚，插接式通常还有一个固定脚。安装它们时需要将引脚穿过 PCB。尽管元器件的安装方式基本相同，但不同类型和定位的元器件其形状和内部结构也各不相同，适用于不同的场合。

（2）贴片式。贴片式封装的元器件常会被简写为 SMD（Surface Mount Device），如图 2-64 所示。和引线式相比，此类封装的元器件仅需安装于 PCB 表面，而无须穿透整个 PCB，便于自动化安装，也节省了 PCB 面积。同时还可以让 PCB 内部走线更加自如，也会在一定程度上减少干扰。不过贴片式元器件焊接温度较高，对器件本身的耐温能力也有一定的要求，并不是所有规格的元器件都可以采用。简单地说，在元器件规格相同的情况下，贴片式封装要优于引线式，当然，成本也会更高。

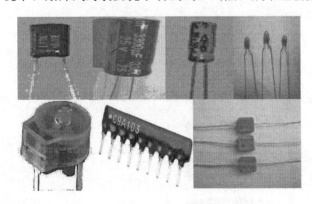

图 2-63 穿孔式电容器

图 2-64 贴片式电容器

2. 按材料分类

电容器的类型通常以电介质的种类作为区分标准。当前常见的电容器可以分为五大类：云母电容器、陶瓷电容器、薄膜电容器、电解电容器及可调电容器。

103

（1）云母电容器。云母电容器的结构很简单，它由金属箔片和薄云母层交错层叠而成。图 2 - 65 为云母电容器的外形。云母电容器的容值范围可以从 1pF～0.1μF，额定电压可从 100～2500V 直流电压。

（2）薄膜电容器。薄膜电容器以塑料薄膜为电介质，因此也被称为塑料膜电容器。图 2 - 66 为常用薄膜电容器外形。聚碳酸酯、丙烯、聚酰胺酯、聚苯乙烯、聚丙烯和聚酯薄膜都是常用的绝缘材料。

图 2 - 65　云母电容器　　图 2 - 66　薄膜电容器

（3）陶瓷电容器。如图 2 - 67 所示，陶瓷电容器的基本结构和云母电容器十分相似，只不过电介质由云母变成了陶瓷薄片。陶瓷电容器容值为 1pF～2.2μF，额定电压可达 6000V。

（4）电解电容器。如图 2 - 68 所示，电解电容器是使用最广泛的电容器，也是最受人们关注的电容器。我们在板卡上常见的那些"烟囱"均为电解电容器。电解电容器会被极化，一个极板为正，而另一个极板为负。这类电容器拥有很高的电容值，范围通常从 $(1～2)×10^5μF$。但是它们的击穿电压相对较低，通常最大击穿电压为 350V。

图 2 - 67　陶瓷电容器

注：由于电解电容器是有极性的电容器，在使用时正负极分别接电源的正负极。若电解电容器反接可能会引起爆炸。

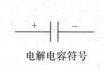

电解电容符号

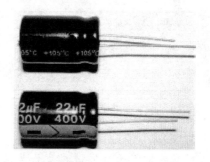

图 2 - 68　电解电容器

(5) 可调电容器。如图 2-69 所示，可调电容器通常是以改变极板间距为原理来调整电容器容量的。可调电容在生产生活中有着广泛的应用，如大部分收音机选台用的就是可调电容。

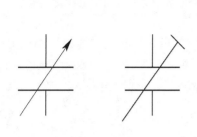

图 2-69　可调电容器

三、电容器的容量标识方法

电容器的标称容量系列与电阻器采用的系列相同，即 E24、E12、E6 系列等。

1. 直接标识法

简称直标法，就是将标称容量及偏差直接标在电容体上，如"$0.22\mu F \pm 10\%$"、"220MFD（$220\mu F$）$\pm 0.5\%$"等。若是零点零几，常把整数单位的"0"省去，如"$01\mu F$"表示 $0.01\mu F$。有些电容器也采用"R"表示小数点，如"$R47\mu F$"表示 $0.47\mu F$。

2. 数字标识法

只标数字不标单位的直接表示法。采用此法的仅限 pF 和 μF 两种。如电容器体上标注"3""47""6800""0.01"分别表示 3pF、47pF、6800pF、$0.01\mu F$。对电解电容器如标注"1""47""220"则分别表示 1μ、F47μF 和 $220\mu F$。

3. 数字字母法

电容容量的整数部分写在容量单位标志字母的前面，容量的小数部分写在容量单位标志字母的后面。如 1.5pF、6800pF、$4.7\mu F$、$1500\mu F$ 分别写成 1p5、6n8、$4\mu 7$、1m5。

4. 数码法

一般用三位数字表示电容器容量的大小，其单位为 pF。其中第一、二位表示有效值，第三位表示倍数，即表示有效值后"零"的个数。如"103"表示 $10 \times 10^3 pF$（$0.01\mu F$）、"224"表示 $22 \times 10^4 pF$（$0.22\mu F$）。

5. 色标法

标识的颜色与电阻器采用的颜色相同，容量单位为 pF。对于立式电容器，色环顺序从上而下，沿引线方向排列。如果某个色环的宽度等于标准宽度的 2 或 3 倍，则表示相同颜色的两个或三个色环。有时小型电解电容器的工作电压也采用色标，例如，6.3V 用棕色、10V 用红色、16V 用灰色，而且应标识在引线根部。

技能训练一 电容器的检测

一、固定电容器的检测

1. 检测 10pF 以下的小电容

因 10pF 以下的固定电容器容量太小，若用万用表进行测量，则只能定性地检查其是否有漏电、内部短路或击穿等现象。测量时，可选用万用表 R×10k 挡，用两表笔分别任意接电容的两个引脚，读阻值应为无穷大。若测出阻值（指针向右摆动）为零，则说明电容漏电或内部击穿。

2. 检测 10pF～0.01μF 固定电容器

万用表选用 R×1k 挡。选用 β 值均为 100 以上且穿透电流小的两只晶体管（可选用 3DG6 等型号硅晶体管）组成复合管。将万用表的红和黑表笔分别与复合管的发射极 e 和集电极 c 相接。由于复合管的放大作用，把被测电容器的充放电过程予以放大，使万用表指针摆幅加大，从而便于观察。应注意的是：在操作时，特别是在测较小容量的电容器时，要反复调换被测电容器引脚接触点，才能明显地看到万用表指针的摆动。

3. 对于 0.01μF 以上的固定电容

可用万用表的 R×10k 挡直接测试电容器有无充电过程以及有无内部短路或漏电来判断电容器的好坏，并根据指针向右摆动的幅度大小估计出电容器的容量。

二、电解电容器的检测

（1）因为电解电容器的容量较一般固定电容器大得多，所以测量时，应针对不同容量选用万用表合适的量程。根据经验，一般情况下，1～47μF 间的电容，可用 R×1k 挡测量；大于 47μF 的电容可用 R×100 挡测量。

（2）对于正、负极标志不明的电解电容器，可利用上述测量漏电阻的方法加以判别。即先任意测一下漏电阻，记住其大小，然后交换表笔再测出一个阻值，两次测量中阻值大的那一次便是正向接法，即黑表笔接的是正极，红表笔接的是负极。

（3）使用万用表电阻挡，采用给电解电容器进行正、反向充电的方法，根据指针向右摆动幅度的大小，可估测出电解电容器的容量。

三、可变电容器的检测

（1）用手轻轻旋动转轴，应感觉平滑，不应感觉有时松时紧甚至有卡滞现象。将载轴向前、后、上、下、左、右等各个方向推动时，转轴不应有松动的现象。

（2）用一只手旋动转轴，另一只手轻摸动片组的外缘，不应感觉有任何松脱现象。转轴与动片之间接触不良的可变电容器，是不能再继续使用的。

（3）将万用表置于 R×10k 挡，一只手将两个表笔分别接可变电容器的动片和定片的引出端，另一只手将转轴缓缓旋动几个来回，万用表指针都应在无穷大位置不动。在旋动转轴的过程中，如果指针有时指向零，说明动片和定片之间存在短路点；如果碰到某一角度，万用表读数不为无穷大而是出现一定阻值，说明可变电容器动片与定片之间存在漏电现象。

四、容量的测量

电容器的容量通常都是通过数字式万用表或者数字电容测试仪测量出来，假如没有数字式万用表或数字电容测试仪，可以使用指针式万用表进行简单估计。对于容量在 $1\mu F$ 以上的电容器，可以采用以下方法：用万用表 R×1k 挡检测，检测时用万用表两表笔分别接触电容器的两引脚，观察指针的偏转角度，然后与几个好的且已知容量的电容器进行对比，可以大致估计其容量。注意，常用的电容器实际容量与标称容量误差 20% 是正常的。对于容量在 $1\mu F$ 以下的电容器，必须借助仪器才可以较准确地测量出容量，这里不做介绍。

五、电容器的更换

电容器如果出现击穿（短路）、烧毁（开路）、漏电和失效等情况下，一般应用相同型号和规格的电容器进行更换，如果没有完全相同的，可以用代用品，代用的基本原则是：容量基本相同，耐压大于或等于原电容器的耐压。当然，代用品的体积要跟原来电容器差不多，否则可能会出现无法安装的情况。如果找不到合适的电容器，也可以使用别的型号的电容器，通过串联或者并联得到，这里就不做介绍了。

知识链接六　VSM 虚拟信号发生器

Proteus VSM 提供的信号发生器是模拟了一个简单的音频函数发生器，它在编辑器中的外形如图 2-70 所示。

一、虚拟信号发生器的特性

（1）可输出方波、锯齿波、三角波和正弦波。

（2）分为八个波段，提供范围为 0～12MHz 频率的信号。

（3）分为四个波段，提供范围为 0～12V 幅度的信号。

（4）具有调幅、调频输入功能。

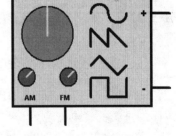

图 2-70　VSM 虚拟信号发生器

二、虚拟信号发生器基本操作

按下 　 ，出现如图 2-71 的界面，选择 SIGNAL GENERATOR，出现如图 2-70 所示的虚拟信号发生器。

（1）通常状况下（如所驱动的电路要求输入源为一个平衡的信号源），须将信号发生器的"－"端与接地终端相连。在不使用幅值与频率的调制输入时，可以不连接 AM、FM 这两个输入端。

（2）选择运行按钮，开始仿真，则信号发生器弹出如图 2-72 所示界面。

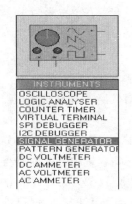

图 2-71　选择信号

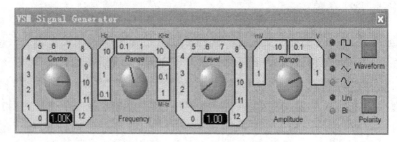

图 2-72　信号发生器界面

1) 设置频率拨盘以满足应用电路的需求。当 Centre 的指针被设置在"1"的位置时，Range 值表示所产生信号的频率。

2) 设置幅度拨盘以满足应用电路的需求。当 Level 的指针被设置在"1"的位置时，Range 值表示所产生的信号的幅值，即输出电平的峰—峰值。

3) 单击 Waveform 按钮，选择适合电路的输出波形，被选中的波形类型的 LED 灯将会点亮。

4) 单击 Polarity 按钮，选择适合极性（Uni 为单极性、Bi 为双极性），被选中的极性类型的 LED 灯将会点亮。

任务五　车间异常情况呼叫电路的组装与调试

 车间异常情况呼叫电路的组成与原理

一、电路组成与工作原理

车间异常情况呼叫电路如图 2-73 所示。变压器通过一定的电压比的设计把 220V、50Hz 的正弦交流电变换为 9V、50Hz 的正弦交流电；电容 C_1 起滤波作用；W7805 为三端集成稳压块起稳压作用并输出直流电压；电容 C_2 也起滤波作用；音乐集成电路 IC 内存音乐程序；扬声器 BL 起到将电信号转变为磁信号然后再转变为声信号的作用；开关 $SB_1 \sim SB_3$ 为每条生产线的控制按钮，分别控制着 $VD_6 \sim VD_8$ 的报警灯。不管其中哪一只按钮接通，它所控制的发光二极管即点亮，同时，音乐集成电路 IC 的 VCC 与 VSS 两端将获得 3V 的电源电压，IC 产生音频信号，经晶体管 VT 放大后，扬声器 BL 即可发出呼叫乐曲。

二、元器件选择

$VD_6 \sim VD_8$ 均采用 10mm 的发光二极管。由于 W7805 三端集成稳压块（见电子线路

108

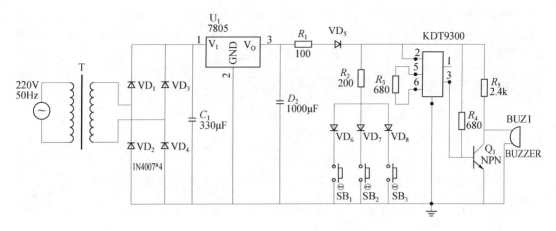

图 2-73　车间异常情况呼叫电路

相关内容）要求输入端要高于输出端 2V，故变压器 T 的二次电压选为 7～9V；二次电流为 500mA，故考虑变压器 T 自身损耗系数为 1.2，变压器 T 的额定功率应大于 0.5A×7V×1.2＝4.2W。整流二极管 VD$_1$～VD$_4$ 选用 1N4001 或 1N4004；按钮开关 SB$_1$～SB$_3$ 型号为 AN4；音乐集成电路 IC 型号除可选用 KD—151－3 外，其他只要工作电压满足 3V 的音乐芯片均可选用。

　检测元器件与安装

步骤如下。

（1）用万用表测量元器件。

（2）设计印制电路板（用计算机设计或在万能板上设计）。

（3）焊接元器件。

（4）同学交换产品检查焊接、安装情况（是否有虚焊、连焊、错装等）。

技能训练二　整机调试

步骤如下。

（1）检测稳压电路。

（2）调试音乐电路。

（3）完成项目自评表。

知识链接二　扬声器

一、扬声器的定义

扬声器英文为 Speaker，从字面上理解，扬为扬出、发出之意，声指声音，器为器件，合起来即发出声音的器件。但大家都知道，扬声器本身并不能发音，它是在给它通以信号电流的时候才会将电流信号转换出声信号的，因此它是通过能量转换来实现的，所以扬声器是指将电信号转换成声音信号的电声换能器。

二、扬声器的分类

扬声器的种类繁杂多样，我们可以用三种方法来给予分类。分别是按驱动方式，按振动板或辐射器的形状、按用途等三种方式分类。

1. 按驱动方式分类

按驱动方式分类即是怎样把电信号加在振动板上使之变换成机械力进而产生振动的，如表2-9所示。

2. 按振膜或辐射器的形状分类

按振膜或辐射的形状分类主要有圆锥形、平板形、球顶形、号筒形、带状形、薄片形等。

3. 按用途分类

按用途进行分类主要为全频扬声器、低音扬声器、中音扬声器、高音扬声器四种。

表 2-9　　　　　　　　　　　　　　按驱动方式分类

驱动方式	作用原理
电磁式	由声源信号磁化了的振动部分与磁体的磁性相互吸引排斥，产生驱动力，在这个力的作用下振动板振动而发出声音
电动式	声源的信号是电流流过音圈产生的磁场与磁体磁场相互作用而形成电磁力，振膜在这个力的作用下振动而发声
静电式	把导电振膜与固定电极按相反极性配置，形成一电容，将电信号加于此电容的两极，极间电场变化产生吸引力，使振膜振动发声
压电式	把压电组件置于电场中会发生位移（变形），利用这种原理制成的扬声器叫压电扬声器

上述各种扬声器中，电动式扬声器结构简单，性能良好，品种繁多，使用最为广泛，是当前扬声器生产的主流。

电动式扬声器工作原理：当垂直于磁场的导体有电流的话，导体就会在垂直于磁场及电流的方向上受到力作用，这个力的方向可用佛来明左手定则判定，如图2-74所示。有了这些知识，对电动式扬声器的工作原理就能容易描述，在扬声器的磁气回路的间隙有一个各处同性的环状磁场，线圈就位于这个间隙内，当外界的信号电流发生改变时，根据佛来明左手定则，线圈就会随着电流的大小和方向受力运动，推动与音圈连在一起的鼓纸向外辐射声音，如图2-75所示。

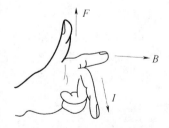

图 2-74　佛来明左手定则
(Fleming's rule)

中间是圆柱形（T铁中柱）的N极，外面是环状（华司）的S极，磁场（B）的方向由 N 极至 S 极。环形气隙内为导线环（音圈），若电流由"×"端流入，由"。"端流出，则音圈所受的力 F 的方向，由左手定则决定：左手平伸，使拇指和其他四指垂直，若磁场（B）的方向指向指心，其余四指指向电流的方向，则拇指所指的方向即为音圈受力的方向，如图 2-75 中箭头所示的力 F 的方向。若改变电流的方向，则力 F 的方向亦随之改变。

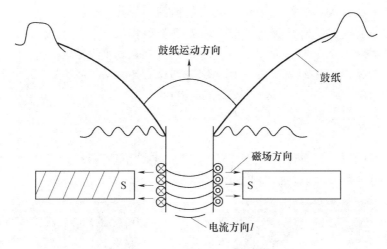

图 2-75　扬声器工作原理

如果流经音圈的电流强度和方向均随时间不断的变化，则电动力 F 也就随着电流强度和方向的变化而变化。显然，电动力的方向就是音圈的移动方向，这样，随着电流强度和方向的变化，音圈就在空气隙中来回振动，其振动周期等于输入电流的周期，而振动的幅度，则正比于各瞬时作用电流的强弱，若将音圈固定在一个膜片（纸盆）上，并输入音频电流，则振膜在音圈的带动下产生振动，从而向周围介质辐射声波，实现了电声能之间的转换。

三、电动式扬声器的结构

电动式扬声器的结构如图 2-76 所示。

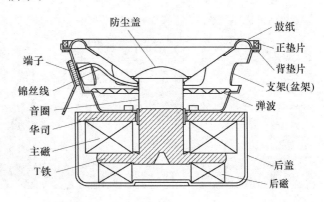

图 2-76　电动式扬声器

扬声器的振动系统，包括策动元件音圈、辐射元件振膜和保证音圈在磁隙中正确位置的弹波，另外，还要加上防尘盖。

（1）音圈。音圈是整个振动系统的策动源，如图 2-77 所示，是用漆包线在纸质或金属的线架上绕制而成。前一种线圈架是用浸过胶的纸制成，后一种是用铝箔或杜拉铝箔制成，通常用自粘漆包线边绕边喷酒精，绕成后稍稍加热烘干即成。线圈的绕制层数，通常都为偶数，因此线圈引出线的那端都在靠近振膜的那一端，便于引出。为了充分利用磁隙的空间，还常常采用矩形截面的导线来绕制音圈，常用的导线材质为：铜、铜包铝、铝，高级音圈采用纯银线。

图 2-77　音圈

（2）振膜。振膜是振动系统的主要部件，最常用的纸质振膜（纸盆）。

扬声器的频响特性，在很大程度上取决于纸盆的性能，而纸盆的性能又决定于纸盆的材料、几何形状和加工工艺，如图 2-78 和 2-79 所示。

图 2-78　鼓纸

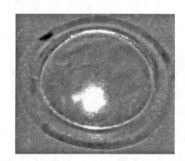

图 2-79　音膜

（3）弹波。弹波的作用是保证音圈在磁隙中的正确位置而不与磁体相碰，它的外缘常固定在盆架上，而内缘则与音圈相连。因它在保证音圈在磁隙中的正确位置的同时，必须尽量减少对音圈运动的影响，这就要求它同时具有极大的径向劲度和极小的轴向劲度。弹波波纹的深度和形状决定了扬声器的振幅。对于大功率的扬声器，为了增加径向劲度，经常做成双弹波。如图 2-80 所示。

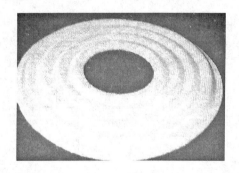

图 2-80　弹波

图 2-81　防尘盖

（4）防尘盖。防尘盖的作用主要是防尘。另外还有改善扬声器特性的作用，如图2-81所示。

（5）T铁。导磁材料T铁为增强物体表面黏结力，大部分会先进行喷砂处理，再进行电镀处理，如图2-82所示。

图2-82　T铁

图2-83　磁铁

（6）磁铁（外磁式一般用铁氧体）。铁氧体是目前应用广泛的磁性材料，如图2-83所示。

（7）华司。一般由热轧钢板，形状以圆形为主，也有组装需要及特殊设计成异形的（方形、三角形……），如图2-84所示。

图2-84　华司

图2-85　后盖

（8）后盖（防磁罩）。主要是屏蔽扬声器的磁场不要外漏，不要对外部产生影响。原理就是形成一个外磁路，不让磁场直接与外部接触。一般家庭影院的中置都为防磁，如图2-85所示。

（9）盆架（支架）。盆架是扬声器的振动系统与磁路系统支撑和连接的重要零件，如图2-86所示。

（10）端子。端子是扬声器与音源之间连接器。一般为分正负极，如图2-87所示。

四、扬声器的极性

（1）极性是指该扬声器通以直流电时振动板的运动方向，也指音圈在间隙运动时所产生之电流方向，亦指该扬声器着磁方向。

113

（2）极性标示：通常在扬声器端子板（Terminal）上注明"＋""－"两极接线点，或以红色记号标示为"＋"，极性的判断通常是扬声器的口径朝上，端子朝胸，左"＋"右"－"。

图 2-86　盆架

图 2-87　端子

项目三

照明电路的设计与安装

—— 单相交流电的实训与研究

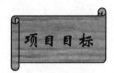

项目目标

【知识目标】

(1) 了解正弦交流电的产生，理解正弦交流电的特征，掌握正弦交流电的表示方法。

(2) 掌握简单交流电路的分析方法。

(3) 掌握串联谐振发生的条件与应用，了解并联谐振的特点和应用。

(4) 了解功率因数的概念与提高功率因数的方法。

(5) 会根据用电量、用电设备设计照明配电箱与选用导线。

【技能目标】

(1) 会用 Proteus 仿真（或实验）的方法研究串联、并联交流电路的特点。

(2) 会设计配电箱的容量、正确选用器件，并会安装照明电路与配电箱。

(3) 会安装与检修荧光灯电路。

(4) 会使用兆欧表、功率表、电能表等电工仪表。

【技能目标】

(1) 培养理论联系实际的学习习惯与实事求是的科学精神。

(2) 培养自主性、研究性的学习方法。

(3) 在项目学习过程中逐步形成团队合作的意识，培养关心爱护集体的观念。

(4) 在项目工作中逐步形成产品意识、质量意识、安全意识。

项目情景

【情景一】

(1) 用多媒体播放家庭照明电路及家用电器（或网络搜索）的图片。

(2) 示波器（用于观察正弦交流电的波形）一台。

【情景二】

（1）仿真课件（用于演示旋转相量）。

（2）单相交流发电机演示正弦交流电的产生。

单相交流电在生活、生产等方面有着广泛的应用，家用电器、照明灯具等用的都是单相交流电。单相交流电由配电与用电两部分组成。本项目要学会照明电路的安装，家庭配电箱的容量设计与安装，同时还要对电路中的电容、电感、电阻等进行分析研究，学会节约用电及照明电路的维修。图 3-1 所示的家用配电箱、庭院景观灯、广场景观灯及双开门电冰箱等均是照明配电、用电设备的实例。

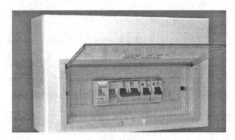

家用配电箱

庭院景观灯

广场景观灯

双开门电冰箱

图 3-1　照明配电，用电设备

任务一　单相正弦交流电的认识

 正弦交流电概述

恒定不变的电流或电压叫直流电，大小和方向随时间变化的电流或电压叫交流电。交流电可分为周期性交流电和非周期性交流电。周期性交流电又可分为正弦交流电和非正弦交流电。直流电、非周期交流电、正弦交流电和非正弦交流电如图 3-2 至图 3-5 所示。

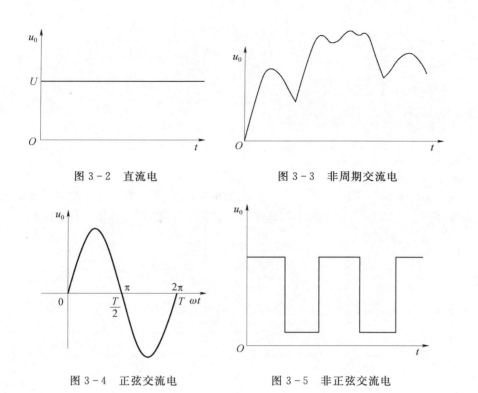

图 3-2　直流电

图 3-3　非周期交流电

图 3-4　正弦交流电

图 3-5　非正弦交流电

研究一 **正弦交流电的产生**

演示实验：用手摇发电机及小灯泡演示单相交流电的产生。如图 3-6 所示，当矩形线圈在匀强磁场中旋转时，由于电磁感应现象而在线圈中产生感应电动势 e，当电路闭合时，就会产生感应电流 i，负载（灯泡）两端就会出现电压 u，灯泡就会发光。当矩形线圈在匀强磁场中以匀角速度 ω 旋转时，产生的感应电动势 e、流过负载的感应电流 i 都是按正弦规律变化的，即

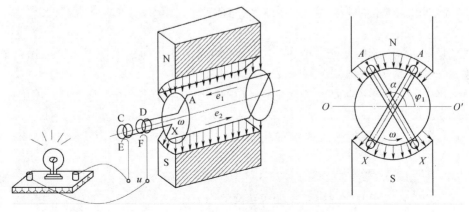

图 3-6　单相交流发电机演示实验

117

$$e = E_m \sin (\omega t + \Phi)$$
$$i - I_m \sin (\omega t + \Phi_i)$$
$$u = U_m \sin (\omega t + \Phi_u)$$

 **正弦交流电的认识**

一、正弦交流电波形图

正弦交流电实际上可以看成一个 t 或 ωt 的数学函数式，也可以用与函数式相对应的波形图来表示。电动势（电源把非静电能转变成电能的能力）$e = E_m \sin\omega t$ 的波形为正弦曲线，如图 3-7 所示。

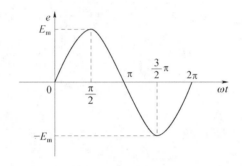

图 3-7 正弦交流电动势的波形图

要画一个正弦交流电动势 $e = E_m \sin\omega t$ 的波形图，可以找出在一个周期内的五个特殊点，即 $e = 0$、$e = E_m$、$e = 0$、$e = -E_m$、$e = 0$，对应的 ωt 依次为 0、$\pi/2$、π、$3/2\pi$、2π，然后用光滑的曲线将各点连接起来，这种方法称为五点描图法。

二、表征正弦交流电的物理量

1. 周期、频率、角频率

(1) 周期。周期指的是交流电完成一次周期性变化所需的时间，用 T 来表示，单位是秒（s）。

(2) 频率。频率指的是交流电在 1s 内完成周期性变化的次数，用 f 来表示，单位是赫［兹］（Hz），常用单位还有千赫（kHz）和兆赫（MHz）。

(3) 角频率。角频率指的是交流电在 1s 内变化的电角度，用 ω 来表示，单位是弧度/秒（rad/s）。

三者都是表示交流电变化快慢的物理量，它们之间的关系为 $T = 1/f$、$\omega = 2\pi/T = 2\pi f$。

2. 瞬时值、最大值、有效值

瞬时值、最大值和有效值都是用来表达交流电大小的。

(1) 瞬时值。瞬时值是交流电在某一时刻的值，用 e、i、u 来表示。

(2) 最大值。最大值是交流电在一个周期内所能达到的最大数值，也就是最大的瞬时

118

值，又称峰值、振幅，用 E_m、U_m、I_m 来表示。

（3）有效值。有效值是根据电流的热效应来规定的。让交流电和直流电分别通过同样阻值的电阻，如果它们在同一时间内产生的热量相等，就把这一直流电的数值叫作这一交流电的有效值。

最大值与有效值的关系为：最大值 $=\sqrt{2}$ 有效值，即

$$I_m=\sqrt{2}I \qquad U_m=\sqrt{2}U \qquad E_m=\sqrt{2}E$$

3. 相位、初相位、相位差

相位、初相位和相位差反映正弦交流电的状态或方向。

（1）相位。t 时刻线圈平面与中性面的夹角 $\omega t+\varphi_0$ 叫交流电的相位。它反映了正弦交流电某一时刻的状态。

（2）初相位。当 $t=0$ 时的相位（$\varphi=\varphi_0$）叫作初相位，简称初相，它反映了正弦交流电起始时刻的状态。图 3－8 为几种不同初相的正弦波图形。

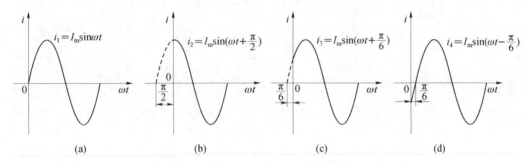

图 3－8　几种不同计时起点的正弦电流波形

（3）相位差。两个同频率的正弦交流电，任一瞬间的相位之差就叫作相位差，图 3－9 为两同频率的电压和电流的相位关系。

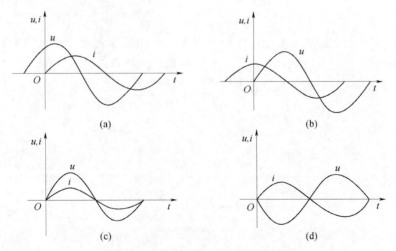

图 3－9　正弦交流电流与电压的波形

图 3－9（a）中，$\Delta\varphi=\varphi_u-\varphi_i>0$，表示 u 超前 i（u 先达到最大值）。

图 3-9 (b) 中，$\Delta\varphi=\varphi_u-\varphi_i<0$，表示 u 滞后 i（i 先达到最大值）。

图 3-9 (c) 中，$\Delta\varphi=\varphi_u-\varphi_i=0$，表示 u、i 同相（u、i 同时达到最大值）。

图 3-9 (d) 中，$\Delta\varphi=\varphi_u-\varphi_i=\pi$，表示 u、i 反相（i 达到最大值时，u 到达最小值）。

三、正弦交流电的表示方法

1. 解析式表示法

用正弦函数表示正弦交流电的电动势、电压和电流瞬时值的方法就叫交流电的解析式表示法。有效值（或最大值）、频率（或周期、角频率）、初相是表征正弦交流电的三个重要物理量，知道了这三个量就可以写出交流电瞬时值的解析式，从而知道正弦交流电的变化规律，因此把这三个量称为正弦交流电的三要素，如图 3-10 所示。

2. 波形图表示法

用与正弦交流电的解析式相对应的正弦曲线来表示该正弦量的方法称为波形图表示法，如图 3-11 所示。用波形图来表示正弦交流电时，横坐标用 ωt 表示，纵坐标用 u、i 或 e 表示。

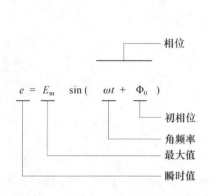

图 3-10　正弦交流电的解析式表式法

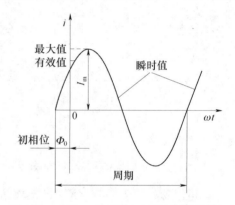

图 3-11　正弦交流电的波形图表示法

3. 旋转矢量表示法

如图 3-12 所示，正弦交流电可以用一个旋转的矢量来表示（仿真演示），即用正弦交流电的有效值或最大值为半径，绕原点旋转一周，其终点轨迹的值和该正弦交流电波形图上的值是一一对应的。这个矢量在电工学中常称相量。

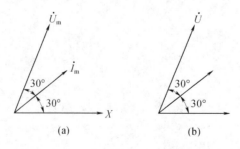

图 3-12　正弦交流电的相量表示法
（a）最大值表示的相量图；（b）有效值表示

120

旋转矢量的特点是从矢量图中可以看出正弦量的相位关系；利用平行四边形法则可以求同频率两正弦量的和与差（只有同频率的正弦量才可以用矢量法求矢量和）。

研究三　实训与观察

实训器材：数字信号发生器、GOS－6031双踪示波器各一台。

操作步骤：

（1）连接数字信号发生器与GOS－6031双踪示波器，观察正弦波、方波、三角波等交流信号。

（2）调节正弦波的频率与峰值，观察波形的变化，读出示波器上交流信号的频率与幅值，完成一个波形的测试，记入表3－1中。

表3－1

信号发生器输出读数（正弦波）	$T=$	$f=$	$U_m=$
示波器测试数据（正弦波）	$T=$	$f=$	$U_m=$
信号发生器输出波形	正弦波	方波	三角波
示波器显示波形			

（3）观察3V的直流电压的"波形"，并记录。

知识拓展　双踪示波器的使用

一、GOS－6031型示波器使用说明

GOS－6031型示波器为手提式示波器，该示波器具有以微处理器为核心的操作系统，它有两个输入通道，每一通道垂直偏向系统具有从1mV～20V共14挡可调，水平偏向系统可在0.2～0.5μs范围内调节。仪器具有LED显示及蜂鸣报警、TV触发、光标读出、数字面板设定、面板设定存储及呼叫等多种功能。

二、面板介绍

GOS－6031示波器的前面板可分为：1－垂直控制（Vertical），2－水平控制（Horizontal），3－触发控制（Trigger）和4－显示控制四个部分，如图3－13所示。

下面分别介绍实验中常用的一些旋钮的功能和作用：

1. 垂直控制

如图3－14所示，垂直控制按钮用于选择输出信号及控制幅值。

（1）CH1、CH2：通道选择。

（2）POSITION：调节波形垂直方向的位置。

（3）ALT/CHOP：ALT为CH1、CH2双通道交替显示方式，CHOP为断续显示模式。

图 3-13　GOS-6031 示波器面板图

（4）ADD-INV：ADD 为双通道相加显示模式。此时，两个信号将成为一个信号显示。

INV：反向功能，按住此钮几秒后，使 CH2 信号反向 180°显示。

（5）VOLTS/DIV：波形幅值挡位选择旋钮，顺时针方向调整旋钮，以 1-2-5 顺序增加灵敏度，反时针则减小。挡位可从 1mV/div 到 20V/div 之间选择。调节时挡位显示在屏幕上。按下此旋钮几秒后，可进行微调。

（6）AC/DC：交流直流切换按钮。

（7）GND：按下此钮，使垂直信号的输入端接地，接地符号显示在屏幕上。

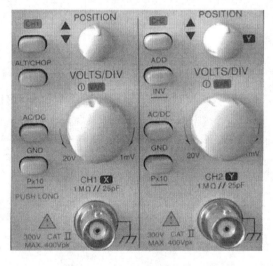

图 3-14　垂直控制部分面板

图 3-15　水平控制部分面板

2. 水平控制

如图 3-15 所示，水平控制可选择时基操作模式和调节水平刻度、位置和信号的扩展。

（1）POSITION：信号水平位置调节旋钮，将信号在水平方向移动。

（2）TIME/DIV：波形时间挡位调节旋钮。顺时针方向调整旋钮，以 1-2-5 顺序增加灵敏度，反时针则减小。挡位可在 0.5s/div 到 0.2μs/div 之间选择。调节时挡位显示在屏幕上。按下此旋钮几秒后，可进行微调。

（3）×1/MAG：按下此钮，可在×1（标准）和 MAG（放大）之间切换。

（4）MAG FUNCTION：当×1/MAG 按钮位于放大模式时，有×5、×10、×20 三个挡次的放大率。处于放大模式时，波形向左右方向扩展，显示在屏幕中心。

（5）ALT MAG：按下此钮，可以同时显示原始波形和放大波形。放大波形在原始波形下面 3div 距离处。

3. 触发控制

触发控制面板如图 3-16 所示。

（1）ATO/NML 按钮及指示 LED：此按钮用于选择自动（AUTO）或一般（NORMAL）触发模式。通常选择使用 AUTO 模式，当同步信号变成低频信号（25Hz 或更少）时，使用 NORMAL 模式。

（2）SOURCE：此按钮选择触发信号源。当按钮按下时，触发源以下列顺序改变 VERT—CH1—CH2—LINE—EXT—VERT，其中：

VERT（垂直模式）：触发信号轮流取至 CH1 和 CH2 通道，通常用于观察两个波形。

CH1：触发信号源来自 CH1 的输入端。

CH2：触发信号源来自 CH2 的输入端。

LINE：触发信号源从交流电源取样波形获得。

EXT：触发信号源从外部连接器输入，作为外部触发源信号。

（3）TRIGGER LEVEL：带有 TRG LED 的控制钮。通过旋转调节该旋钮触发稳定波形。如果触发条件符合时，TRG LED 亮。

（4）HOLD OFF—控制钮。当信号波形复杂，使用 TRIGGER LEVEL 无法获得稳定的触发，旋转该旋钮可以调节 HOLD—OFF 时间（禁止触发周期超过扫描周期）。当该旋钮顺时针旋到头时，HOLD—OFF 周期最小，反时针旋转时，HOLD—OFF 周期增加。

4. 显示器控制

显示器控制面板用于调整屏幕上的波形，提供探棒补偿的信号源。

（1）POWER：电源开关

（2）INTEN：亮度调节

（3）FOCUS：聚焦调节

（4）TEXT/ILLUM：用于选择显示屏上文字的亮度或刻度的亮度。该功能和 VARIABLE 按钮有关，调节 VARIABLE 按钮可控制读值或刻度亮度。

（5）CURSORS：光标测量功能。在光标模式中，按 VARIABLE 控制钮可以在 FINE（细调）和 COARSE（粗调）两种方式下调节光标快慢。

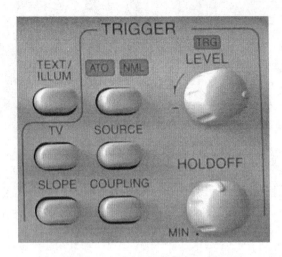

图 3 - 16　触发控制部分面板

（6）SAVE/RECALL：此仪器包含 10 组稳定的记忆器，可用于储存和呼叫所有电子式选择钮的设定状态。按住 SAVE 按钮约 3s 将状态存储到记忆器，按住 RECALL 钮 3s，即可呼叫先前设定状态。

由于示波器旋钮和按键较多，其他旋钮、按键及其功能介绍参见仪器使用说明书。

三、使用说明

打开 GOS－6031 示波器电源后，所有的主要面板设定都会显示在屏幕上。对于不正确的操作或将控制旋钮转到底时，蜂鸣器都会发出警讯。

示波器的使用较为复杂，在本书涉及实验中常用的操作步骤如下。

打开电源开关，选择合适的触发控制（如：AUTO），选择输入通道（CH1，CH2）、触发源（Trigger Source）和交直流信号（AC/DC）。接入信号后，使用 INTEN 调节波形亮度，使用 FOCUS 调节聚焦，用 POSITION 调节垂直和水平位置，用 VOLTS/DIV 调节波形 Y 轴挡位，用 TIME/DIV 调节波形 X 轴挡位，调节 TRIGGER LEVEL 和 HOLD OFF 使波形稳定。

在用示波器双通道观察波形相位关系时，CH1 和 CH2 要首先按下接地（GND），调节垂直 POSITION，使双通道水平基准一致。然后弹起 GND，再观察波形相位关系。

四、仪器使用注意事项

（1）使用前必须检查电网电压是否与示波器的电源电压一致。

（2）通电后需预热几分钟再调整各旋钮。必须注意亮度不可开得过大，且亮点不可长期停止在一个位置上。仪器暂时不用时可将亮度调小，不必切断电源。

（3）输入信号的幅值不得超过最大允许输入电压值。有的示波器在面板上垂直输入端附近标有电压值，该电压值是指可允许输入的直流加交流的峰值。

（4）通常信号引入线都需使用屏蔽电缆。示波器的探头有的带有衰减器，读数时需注意。使用探头后，示波器输入电路的阻抗可相应提高，有利于减小对被测电路的影响。不同型号示波器的探头要专用。

五、VSM 虚拟示波器

Proteus VSM 提供的虚拟示波器是电路仿真中电子测量最为常用的仪器。使用它可以看到仿真电信号的真实情况，从而确定某些未知电信号的电压幅值、频率、周期、相位、脉冲的宽度、上升及下降时间等。

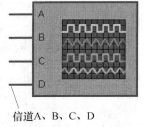

信道A、B、C、D

图 3-17 双踪示波器图标

1. 控制面板

双踪示波器图标如图 3-17 所示，面板如图 3-18 所示。VSM 虚拟示波器外观及操作与实际的示波器相同，可同时显示 A、B、C、D 四信号的幅度和频率变化，并可以分析周期信号的大小、频率值以及比较多个信号的波形。

2. 功能说明

（1）四信道。虚拟示波器有四个输入信道：Channel A、Channel B、Channel C 和 Channel D，对应图 3-17 上的 A、B、C 和 D。

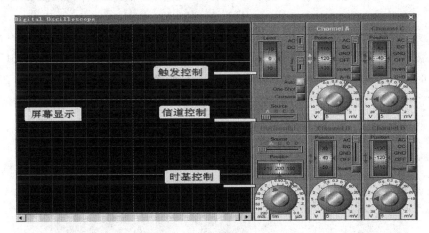

图 3-18 双踪示波器面板

（2）输入耦合。每个输入信道都有两种输入耦合方式，即 DC 耦合（直流耦合）和 AC 耦合（交流耦合）。其中输入耦合多数用来连接有直流分量的交流（AC）信号。可拨动 Channel A 或其他信道下方的拨动开关来选择输入耦合方式。还可通过这个拨动开关分别选择相应信道临时接地（GND）或关闭（OFF），这有利于调节显示波形线位置，如图 3-19 所示。

（3）波形显示位置调整。转动旋钮可调整显示波形丝的 X 轴位置；拨动 Position 开关可分别调整信道的显示波形的 Y 轴位置。

（4）时基（Timebase）。调整范围为 0.5μs/div～200ms/div。

（5）幅值。转动旋钮，可调整信道的电压显示幅值，范围为 2mV/div～20V/div。

（6）触发机制。VSM 虚拟示波器提供了自动触发机制，其时基与输入波形同步。拨动 Level 开关可改变触发电平及触发沿。使用时，慢慢拨动 Trigger 开关，可捕捉到信号并使显示质量最佳。

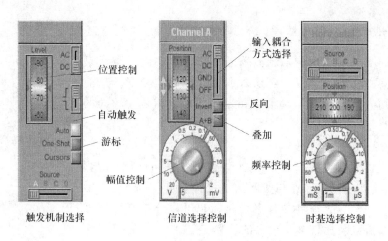

触发机制选择　　　　　信道选择控制　　　　　时基选择控制

图 3－19　虚拟示波器功能说明

3. 操作说明

（1）选择信道输入耦合方式。拨动 Channel A 或其他信道右边的拨动开关，可在 AC、DC、GND、OFF 之间反复切换，另外还可以选择信号波形"反向"或"叠加"，如图 3－19 所示。

（2）选择和调整波形显示位置、时基、幅值可分别转动转盘旋钮来完成。其中，转动转盘旋钮时，先将鼠标指针指向转盘旋钮内，按下左键不放，移动鼠标，使鼠标指针绕着转盘旋钮转动，转盘旋钮上的指针也相应转动，信号轨迹随之变化。其次，转盘旋钮有粗、细调节之分。

4. 游标测量与读数

单击"Cursors"即可进行游标测量，测量结果如图 3－20 所示。

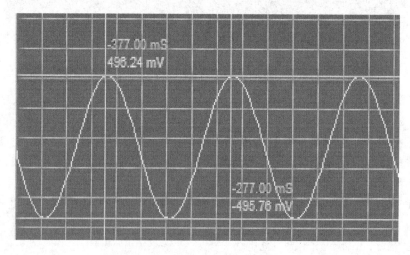

图 3－20　游标测量结果

任务二　纯电阻、电感、电容电路的研究

 知识链接一　纯电阻电路

一、纯电阻电路电流与电压的关系

如图 3-21 所示，交流电路中只含有电阻元件的电路，称为纯电阻电路。在交流电路中，电气元件对电流的阻碍作用称为阻抗，用 Z 表示。对于电阻来说，其阻抗为 $Z=R$。

纯电阻电路中，电阻的电流与电压是同相位的。纯电阻电路电流、电压波形图和相量图分别如图 3-22、图 3-23 所示。纯电阻电路的电流与电压的有效值关系为

$$I=\frac{U}{R}$$

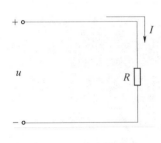

图 3-21　纯电阻电路

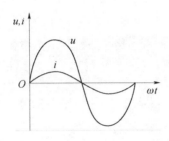

图 3-22　纯电阻电路
电流、电压波形

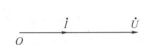

图 3-23　纯电阻电路电流、
电压相量图

二、纯电阻电路的功率

在纯电阻电路中，电阻元件的端电压和电流是变化的，其功率也是变化的。它的瞬时功率为

$$p=ui=\sqrt{2}U\sin\omega t \sqrt{2}I\sin\omega t=2UI\sin^2\omega t=UI（1-\cos2\omega t）$$

纯电阻电路瞬时功率的波形图如图 3-24 所示。电阻元件的瞬时功率随时间以两倍于电流（电压）频率的频率变化的，但它的值总是正的，也说明了电阻元件总是消耗能量的。由于瞬时功率是变化的，因此工程上通常计算瞬时功率的平均值，称为平均功率，也叫作有功功率，用 P 表示，单位是瓦（W）。瞬时功率由两部分组成：一部分 UI 是不变的，另一部分（$-UI\cos2\omega t$）是变化的。后者平均值是零，所以电阻元件消耗的有功功率为

$$P=UI=I^2R=\frac{U^2}{R}$$

 研究一　**纯电感电路的研究（可进行仿真实训）**

电感元件在项目二中已经介绍过，它是由漆包线（铜导线）绕制成的线圈，根据需要

127

在线圈中还可插入磁心（可增加电感量）。交流电路中只含有电感元件的电路，称为纯电感电路，如图 3-25 所示。电感元件对电流的阻碍作用称为感抗，用 X_L 表示，单位为欧［姆］（Ω）。电感元件用符号 L 表示，它的常用单位为亨［利］（H），辅助单位为毫亨（mH），二者之间的换算关系为 1H＝1000mH。

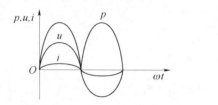
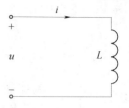

图 3-24　纯电阻电路瞬时功率的波形图　　　图 3-25　纯电感电路

一、感抗的研究

如图 3-26 所示，保持信号源电压不变，分别改变 L 与 f 观察电流的变化，完成表 3-2 中的内容。

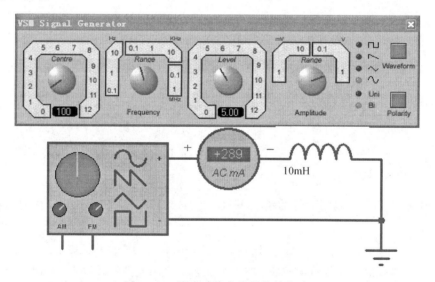

图 3-26　研究感抗变化规律的电路

表 3-2　　　　　　　　　　　　　　感抗的变化规律

电感	50mH	100mH	150mH	变化规律	频率	100Hz	200Hz	300Hz	变化规律
电流				电流随电感增加呈线性（　）	电流				电流随频率增加呈线性（　）
感抗	变（　）	变（　）	变（　）	感抗随电感增加呈线性（　）	感抗				感抗随频率增加呈线性（　）

结论：电感的感抗随电感及通过的电流的频率增加（或减小）呈线性增加（或减小），即 $X_L＝\omega L＝2\pi fL$。

二、电感元件电压与电流的关系

设 $u = U_m\sin\omega t$，则根据上面分析可知，$i = I_m\sin(\omega t - 90°)$，其中电流与电压的有效值关系为 $I = U/X_L$。

电压与电流的相位差为：$\Phi_u - \Phi_i = 90°$。

纯电感电路电压与电流的波形图如图 3-27 所示。

三、功率和能量

电感元件的瞬时功率为

$$p = ui = \sqrt{2}U\sin\omega t \cdot \sqrt{2}I\sin(\omega t - 90°) = -UI\sin 2\omega t$$

电感元件瞬时功率的波形图如图 3-28 所示，它是以两倍于电流（电压）的频率按照正弦规律变化的。从波形图中可以看出，p 的前半周期为负值，表示电感元件向外部释放储能；后半周期为正值，表示电感元件从外电路吸收能量，转变为磁场能储存起来。由图 3-28 可知，电感在一个周期内释放的能量和储存的能量是相等的。

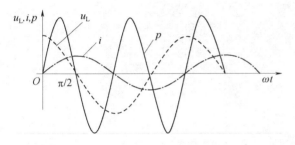

图 3-27 纯电感电路电压与电流的波形图

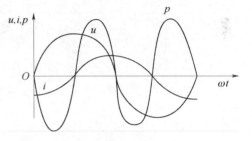

图 3-28 电感元件瞬时功率的波形图

由以上的分析可知，电感是一个储能元件，它在一个周期内的平均功率为零，不消耗能量。在一个周期内电感吸收或释放的能量称为无功功率，用 Q_L 表示，其单位为乏（var），辅助单位为千乏（kvar），1kvar = 1000var。无功功率的计算公式为 $Q_L = U_L I = I^2 X_L$

研究二 纯电容电路的研究（可进行仿真实训）

电容元件在项目二中已经介绍过，它是由两个靠近且相互绝缘的导体（通常为两个小金属极板）组成的，根据需要在两个导体中还会插入不同的介质（可增加电容量）。如图 3-29 所示，只含有电容元件的交流电路，称为纯电容电路。电容元件对电流的阻碍作用称为容抗，用 X_c 表示，单位为 Ω。电容元件用符号 C 表示，它的常用单位为法［拉］（F），辅助单位为微法（μF）、皮法（pF），其换算关系为

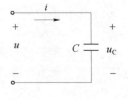

图 3-29 纯电容电路

$$1F = 10^6\mu F, \quad 1\mu F = 10^6 pF$$

一、容抗的研究

如图 3-30 所示，保持信号源电压不变，分别改变 C 与 f，观察电流的变化，研究容抗的变化规律，完成表 3-3 的内容。

表 3-3　　　　　　　　　　　　　研究容抗的变化规律

电容	10μF	20μF	30μF	变化规律	频率	100Hz	200Hz	300Hz	变化规律
电流				电流随电容增加变 （　　）	电流				电流随频率增加变 （　　）
容抗	变 （　）	变 （　）	变 （　）	容抗随电容增加变 （　　）	容抗				容抗随频率增加变 （　　）

结论：电容的容抗随电容及通过的电流的频率增加（或减小）呈反比规律变化，即

$$X_C = \frac{1}{\omega C} = \frac{1}{2\pi f C}$$

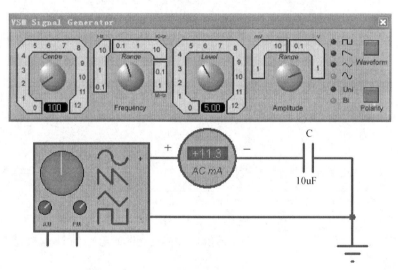

图 3-30　研究容抗变化规律的电路

二、电压与电流关系的研究

电容元件在充电开始时，极板上没有电荷，所以此时电流最大、电压最小。随着电荷的积累，电流会不断减小，电压会不断增加。电容的这种特性使得电容的电流在相位上要超前电压，可以通过实验的方法来研究它们之间的关系。

由于纯电阻电路的电流与电压是同相位的，所以在电容元件上串联一个的电阻，并用双踪示波器测出电容元件与电阻元件的电压相位差，即为电容元件的电压与电流相位差（电阻元件的电压与电容的电流同相位）。

如图 3-31 所示，分别测量出 RC 串联电路的电压、电流波形图，并画出相量图，最后电容的电流电压相量图。选择电容与频率时，应使容抗数值与电阻数值相近，否则波形

130

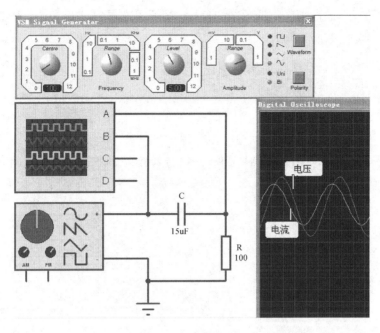

图 3－31　研究电容电压、电流关系的电路

不明显。

　　请动手连接电路，测量电容元件电压与电流的相位差，并完成表 3－4 的内容。

表 3－4　　　　　　　　　　　　　电容元件电压与电流的关系

信号源电压	信号源频率	电容/μF	电阻/Ω	电压与电流（总电压与电阻电压及总电压与电容电压的波形图）	结论

 **容抗及电容元件电压与电流的关系**

一、容抗

由实验研究二可得电容的阻抗为

$$X_C = \frac{1}{\omega C} = \frac{1}{2\pi f C}$$

其中　X_C——容抗，单位为欧（Ω），它表示电容对交流电流的阻碍作用。

由实验还可得到容抗的大小与它的电容值和交流电的频率有关。电容在电路中有"通

131

交流、隔直流"或"通高频、阻低频"的特性，因此在电子技术应用中有隔直电容器和高频旁路电容器之分。

二、电容元件电压与电流的关系

设 $u=U_m\sin\omega t$，则根据上面分析可知，$i=I_m\sin(\omega t+90°)$，其中电流与电压的有效值关系为 $I=U/X_C$。

电压与电流的相位差为 $\Phi_u-\Phi_i=-90°$

纯电容电路电压与电流的波形图和相量图分别如图 3-32 和图 3-33 所示。

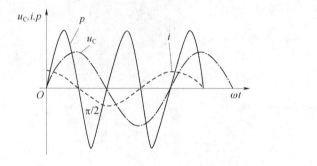 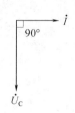

图 3-32　纯电容电路电压与电流波形图　　图 3-33　纯电容电路电压与电流相量图

三、功率和能量

电容元件的瞬时功率为

$$p=ui=\sqrt{2}U\sin\omega t\sqrt{2}I\sin(\omega t+90°)=UI\sin 2\omega t$$

电容元件瞬时功率的波形图如图 3-32 所示，它是以两倍于电流（电压）的频率按照正弦规律变化的。从波形图中可以看出，p 的前半周期为正值，表示电容元件从外电路吸收能量，转变为电场能储存起来；p 的后半周期为负值，表示电容元件向外电路释放能量，由图可知电感在一个周期内释放的能量和储存的能量是相等的。电容是一个储能元件，电容元件的平均功率为零，不消耗能量。在一个周期内电容吸收或释放的能量叫无功功率，用 Q_C 表示，其单位为乏（var），Q_C 计算公式为

$$Q_C=U_C I=I^2 X_C$$

三种单一参数交流电路中的电压、电流和功率的比较如表 3-5 所示。

表 3-5　　　　　　　单一参数交流电路中的电压、电流和功率间的关系

项目　　　　　电路形式		纯电阻电路	纯电感电路	纯电容电路
对电流的阻碍作用		电阻 R	感抗 $X_L=\omega L$	容抗 $X_C=1/\omega C$
电流和电压间的关系	大小	$I=U/R$	$I=U/X_L$	$I=U/X_C$
	相位	电流电压同相	电压超前 90°	电压滞后 90°
有功功率		$P=U_R I=RI^2$	0	0
无功功率		0	$Q_L=U_L I=X_L I^2$	$Q_C=U_C I=X_C I^2$

132

任务三　单相交流电路的研究

 **RLC 串联电路**

一、RLC 串联电路的组成

由电阻、电感和电容串联组成的电路，称为 RLC 串联电路。RLC 串联电路如图 3-34 所示。

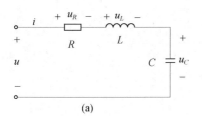　　　　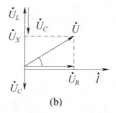

(a)　　　　　　　　　　　(b)

图 3-34　RLC 串联电路图

(a) 电路图；(b) 相量图

二、RLC 串联电路的电压、电流

在图 3-34 中，由 KVL 定律可列出 $u = u_R + u_L + u_C$，通过各元件的电流相同，电感的电压超前电流 90°，电容的电压滞后电流 90°，电阻的电压与电流同相位，如图 3-34 中 (b) 所示。

三、RLC 串联电路的性质

在 RLC 串联电路中，各元件中电流都是相等的，电阻端电压和电流同相位，电感端电压超前电流 90°，电容端电压滞后电流 90°，总电压和电流间的相位关系就由 U_L 和 U_C 的大小（即 X_L 和 X_C 的大小来确定。我们根据 $\varphi = \arctan X_L$ 将电路的性质分为三类。

(1) $X_L > X_C$（$U_L > U_C$）时，$\varphi > 0$，电压超前电流，电路呈感性；

(2) $X_L < X_C$（$U_L < U_C$）时，$\varphi < 0$，电压滞后电流，电路呈容性；

(3) $X_L = X_C$（$U_L = U_C$）时，$\varphi = 0$，电压与电流同相，电路呈电阻性，此时，电路处于串联谐振状态。

四、RLC 串联电路的功率

1. 有功功率

由图 3-34 可知，在 RLC 串联电路中，电阻的功率为

$$P_R = U_R I = UI \cos\varPhi。$$

133

2. 无功功率

在 RLC 串联电路中，电感、电容的有功功率为零，它们是储能元件，在储能过程中，电感与电容之间、电感与电源之间、电容与电源之间不断地进行能量交换。电感、电容元件在电路中还起着改善电路的功率因数、改变电路性能的作用。由图 3 − 34 可知，电感、电容共同存在时的无功功率为

$$Q = |U_L - U_C| I = UI \sin\Phi。$$

3. 视在功率与功率因数

在 RLC 串联电路中，视在功率为 $S = UI$。

视在功率等于电压与电流乘积。就电源而言，它反映了电源的容量；就无源两端网络而言，它反映了网络占用电源容量的多少。视在功率的单位为伏·安（V·A），辅助单位为千伏·安（kV·A）。

因为 $P = UI\cos\Phi = S\cos\Phi$，$Q = UI\sin\Phi = S\sin\Phi$，所以

$$S = \sqrt{P^2 + Q^2}$$

4. RLC 串联电路的功率因数

交流电路的功率因数为

$$\cos\Phi = \frac{P}{S}$$

功率因数反映的是电路中的有功功率与视在功率之比。就电源而言，功率因数越高，电能转变其他形式的能量比例就越大。

 知识链接二   *RLC 并联电路*

一、*RLC 并联电路*

如图 3 − 35 所示，电阻、电感和电容并联即构成了 RLC 并联电路。

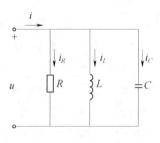

图 3 − 35 RLC 并联电路

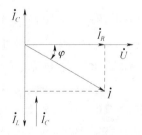

图 3 − 36   电流相量图

二、*RLC 并联电路电压和电流*

在图 3 − 35 中，加在各元件的电压相同，电感的电流滞后电压 90°，电容的电流超前电压 90°，电阻的电流与电压同相位。以电压为参考相量，即 $u = U_m \sin\omega t$，可画出电压与电流的相量图，如图 3 − 36 所示。

三、*RLC* 并联电路的性质

RLC 并联电路中，各元件的端电压都是相同的，电阻元件的电流和电压同相位，电感元件的电流滞后电压 90°，电容元件的电流超前电压 90°（电感的电流和电容的电流反相），因此，端电压和总电流的相位关系由 I_L 和 I_C（即 X_L 和 X_C）的大小确定。可以据此将电路分为三类。

（1）$X_L < X_C$ 时，$\varphi > 0$，电压超前电流，电路呈感性；

（2）$X_L > X_C$ 时，$\varphi < 0$，电压滞后电流，电路呈容性；

（3）$X_L = X_C$ 时，$\varphi = 0$，电压和电流同相位，电路呈电阻性，此时，电路处于并联谐振状态。

研究一 **_RLC_ 串联电路的电压与谐振（可仿真）**

（1）如图 3 – 37 所示，选择适当的元件与参数连接电路。

（2）将交流信号源 U 的信号设为幅值 6V，频率为 1.6Hz 的正弦交流电。

（3）观察示波器屏幕上波形的变化，可以通过改变示波器面板上扫描周期和幅值的位置，达到最佳效果，如图 3 – 38 所示（此时达到谐振）。

（4）完成表 3 – 6。

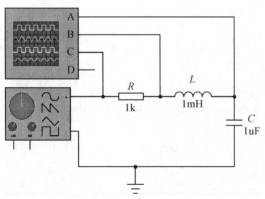

图 3 – 37　*RLC* 串联电路的研究

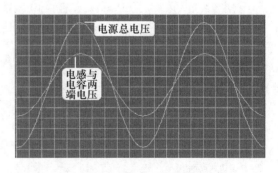

图 3 – 38　*RLC* 串联谐振波形图

表 3 – 6　　　　　　　　　　　　　　　　*RLC* 串联电路实验结果

项目		周期	幅值	波形图	相位变化
输入信号	$f=1.6\mathrm{Hz}$				
u_L、u_C					
输入信号	$f=160\mathrm{Hz}$				
u_L、u_C					
输入信号	$f=1.6\mathrm{kHz}$				
u_L、u_C					

【结论】

(1) U_L 与 U_C 的数量关系为 U_L _____ U_C，U_R 与 U 的数量关系为 U_R _____ U。

(2) 电感的电压与电容的电压大小_____，方向_____。

(3) 电源的电压与电流_____相位。

研究二 **RLC 串联电路的功率测试电路**

(1) 按图 3-39 连接好电路，正弦交流电源的有效值为 220V，频率为 50Hz，元件参数如图 3-39 所示。

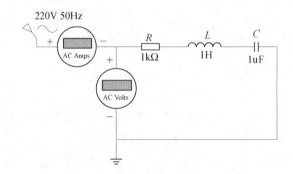

图 3-39 RLC 串联电路功率的测试电路

(2) 改变电感值，记录电流表、电压表的读数，并计算有功功率功率因数填入表 3-7 中。

表 3-7   RLC 电路测试结果

电阻 R	$1k\Omega$	$1k\Omega$	$1k\Omega$	$1k\Omega$	$1k\Omega$
电感 L	1H	1H	1H	10H	100H
电容 C	$1\mu F$	$10\mu F$	$100\mu F$	$1\mu F$	$1\mu F$
有功功率 P					
功率因数					
结论					

知识拓展一 **谐振电路及应用**

在某些条件下，电路端电压与电流同相，电路呈电阻性，这种现象称为谐振。谐振时电路中的有功功率和视在功率相等，无功功率为零。谐振有串联谐振与并联谐振之分。

136

一、RLC 串联谐振电路

1. 谐振频率

在 RLC 串联电路中，当 $\varphi = 0$ 时，电压和电流同相，电路呈阻性，电路产生了串联谐振，此时的频率称为谐振频率 f_0。

$$\omega_0 = \frac{1}{\sqrt{LC}} \quad 或 \quad f_0 = \frac{1}{2\pi\sqrt{LC}}$$

也称为电路的固有频率，它只由动态元件 L、C 的大小确定，与电阻 R 无关；要使电路发生谐振，可以调节电路中 L 或 C 的数值（通常调节 C），使电路的固有频率和电源的频率相等；也可以调节电源的频率，使其和电路的固有频率相等。

2. 串联谐振的特点

（1）电压与电流同相位，电路呈阻性；

（2）电路的阻抗模最小，电流最大；

（3）电感和电容端电压大小相等，相位相反，外加电压全部加在电阻端，即

$$U_L = -U_C, \quad U = U_R$$

（4）Q 值又称为谐振电路上的品质因数，定义为

$$Q = \frac{\omega_0 L}{R} = \frac{1}{\omega_0 CR}$$

当 $X_L = X_C \gg R$ 时，电容和电感端电压数值远大于电源电压，一般 Q 值可达几十至几百，因为串联谐振时电感和电容的端电压大小相等，并且等于总电压的 Q 倍，因此串联谐振又叫电压谐振。

（5）谐振时，电路的无功功率为零，电源只提供能量给电阻元件消耗，而电路内部电感的磁场能和电容的电场能正好完全相互转换。

3. 串联谐振电路的应用

由于串联谐振时电容的端电压是总电压的 Q 倍，因此，可以通过改变电容的大小，使电路的固有频率和信号源的频率相同，以便在不同频率的信号中选择出该频率的信号。收音机就是根据这一原理而工作的。它通过改变电容来调节谐振频率，从而收听到不同的电台信号。

4. 串联谐振电路的电流谐振曲线和谐振电路的选择性

串联电路中，电流 I 与谐振时的电流 I_0 关系为

$$I = \frac{I_0}{\sqrt{1 + Q^2\left(\dfrac{\omega}{\omega_0} - \dfrac{\omega_0}{\omega}\right)}}$$

如图 3-40 所示，上式可以用一条变化的曲线来描述，该变化曲线叫作串联电路的电流谐振曲线（又叫电流幅频曲线）。由图可知，在 $\omega = \omega_0$（$f = f_0$）时，电路中电流最大，出现谐振，最大值 $I_0 = U/R$；ω 偏离 ω_0 越远，电流下降越大，即串联谐振电路对不同频率的信号有不同的响应。这种响应说明该电路具有选择某些频率信号的功能。

把频率在 f_0 附近的无线电信号选择出来，同时把频率远离 f_0 的信号抑制。在电子技

术中，要传输的信号通常都是包含一个频率范围的信号，为了使每一频率的信号都能不失真的传输，要求电路允许一定范围内的频率均能通过，即要有一个通频带。规定通频带源电压的大小一定时，回路中的电流不小于谐振电流的 0.707 倍时的频带范围，叫作谐振电路的通频带，或称带宽。通频带常用 BW（或 Δf）表示。由图 3-41 可知 $BW = f_2 - f_1$，其中 f_2 称为上限频率，f_1 称为下限频率，且 $BW = f_0 Q$。

RLC 串联电路电流幅频曲线表明，品质因数越大，曲线越陡峭，说明电路的选频特性好，但通频带较窄。品质因数越小，曲线越平缓，说明电路的选频特性不好，但通频带较宽。

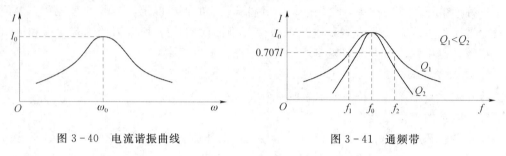

图 3-40　电流谐振曲线　　　　　　图 3-41　通频带

【例 3-1】 已知某收音机输入回路的电感 $L = 260 \mu H$，当电容调到 $100 pF$ 时发生串联谐振，求该电路的谐振频率。若要收听频率为 $640 kHz$ 的电台广播，电容 C 应为多大（设 L 不变）？

解：

$$f_0 = \frac{1}{2\pi \sqrt{LC}} = \frac{1}{23.14 \sqrt{260 \times 10^{-6} \times 100 \times 10^{-2}}} \approx 990 \text{ kHz}$$

$$C = \frac{1}{(2\pi f)^2 L} = \frac{1}{(2 \times 3.14 \times 640 \times 10^3)^2 \times 260 \times 10^{-6}} \approx 238 \text{ pF}$$

二、RLC 并联谐振电路

1. 谐振频率

$$\omega_0 = \frac{1}{\sqrt{LC}} \quad \text{或} \quad f_0 = \frac{1}{2\pi \sqrt{LC}}$$

2. 并联谐振的特点

（1）并联谐振时，$X_L = X_C$，所以谐振时电路的复阻抗 $Z = R$，为电阻性，其值最大。

（2）谐振时因阻抗值最大，所以电流 $I_0 = U/Z = U/R$ 最小。

（3）谐振时电阻中电流 $I_R = U/R = I_0$，而电容和电感中的电流大小相等，相位相反。且 $I_C = I_L = Q I_0$。

Q 称为电路的品质因数。并联谐振时电感和电容的电流大小相等，并且等于总电流的 Q 倍，因此并联谐振也叫电流谐振。

（4）谐振时，电路的无功功率为零，电源只提供能量给电阻元件消耗，而电路内部电感元件的磁场能与电容元件的电场能正好完全相互转换。

3. 并联谐振电路的应用

并联谐振电路主要用来构造选频器或振荡器等，广泛应用于电子设备中，如收音机中的选频网络。图 3-42 为并联谐振选择信号的原理图。

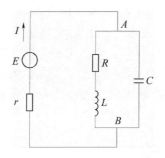

图 3-42 并联谐振选择信号电路

荧光灯电路的功率因数提高

一、荧光灯电路

荧光灯电路如图 3-43（a）所示，该电路可以等效成 RL 串联电路。荧光灯电路的功率因数仅有 0.6 左右。如图 3-43（b）所示，并联一个补偿电容后，功率因数可以提高到 0.8 左右。

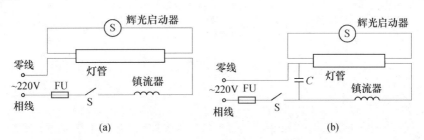

图 3-43　荧光灯电器

（a）无功率因数补偿的荧光灯电路；（b）带功率因数补偿的荧光灯电路

荧光灯电路的工作原理如下：合上开关瞬间，电源电压几乎全部加在辉光启动器氖泡的动、静触片之间，使氖泡发生辉光放电而逐渐发热；U 形双金属片受热后，由于两种金属膨胀系数不同，动、静触片接触，将电路接通，形成荧光灯启辉状态的电流回路。辉光启动器动、静触片接触后，辉光放电消失，双金属片温度下降而恢复原位，动、静触片分断。此时由于电流突然中断，在镇流器线圈两端会产生很高的电压，它和电源电压叠加后加在灯管两端，导致管内惰性气体电离发生弧光放电，管内温度升高，液态水银气化并导电，引起水银蒸气弧光放电，辐射出紫外线，紫外线激发管壁上的荧光粉而发出日光色的可见光。正常工作时，电流经镇流器、灯管内水银蒸气构成回路。此时，灯管两端电压较低，不足以引起与之并联的氖泡辉光放电，辉光启动器保持断开状态而不起作用。

二、提高功率因数的意义

由功率因数 $\cos\varphi = P S$ 可知，①负载的功率因数过低，使电源设备的容量不能充分利

139

用。例如一台额定容量为 60kV·A 的单相变压器，假定它在额定电压、额定电流下运行，负载的功率因数为 0.9 时，它传输的有功功率是 54kW；当负载的功率因数为 0.5 时，它传输的有功功率降低为 30kW。显然，功率因数越高，电源容量利用率越高。②在一定电压下向负载输送一定的有功功率时，负载功率因数越低，通过输电线路的电流就越大（$I = PU\cos\varphi$），输电线路的电能损耗越大。功率因数是电力经济中的一个重要指标，提高电路的功率因数就可以提高电能的利用率。

三、提高功率因数的方法

在 RL 串联感性电路中并联一个电容可以提高功率因数。如图 3-44 所示，在没有并联电容之前，电路的功率因数为 $\cos\varphi_1$，φ_1 为感性负载的阻抗角。并联一个适当的电容后，由相量图 3-44 可知，电路的功率因数为 $\cos\varphi_2$，且 $\varphi_2 < \varphi_1$，因此 $\cos\varphi_2 > \cos\varphi_1$，电路的功率因数得到了提高。

四、移相电路

如图 3-45 所示，由于电阻的电压和电流同相位，电容的电压滞后电流（电阻的电压）90°，故总电压会超前电容电压 φ，即 RC 串联电路具有移相作用。输出与输入电压的相位差为

$$\varphi = \arctan \frac{U_R}{U_C} = \arctan \frac{R}{X_C}$$

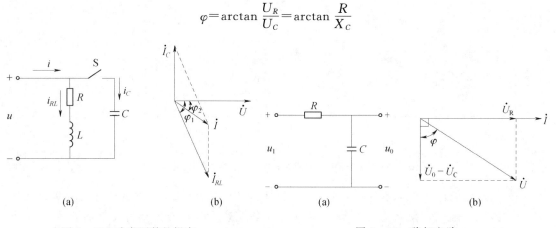

图 3-44 功率因数的提高　　　　　图 3-45 移相电路
（a）电路图；（b）相量图　　　　（a）电路图；（b）相量图

> **知识拓展三**　　***RC* 电路的应用**

（1）低通滤波电路如图 3-46 所示。

（2）高通滤波电路如图 3-47 所示。

（3）带通滤波电路如图 3-48 所示。

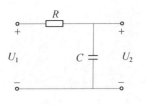

图 3-46　低通滤波电路

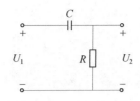

图 3-47　高通滤波电路

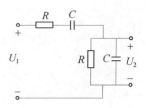

图 3-48　带通滤波电路

任务四　家用照明电路的设计与安装

家用照明电路的安装涉及相应的电工工具及设备，本任务主要介绍工具的使用、照明灯具的安装以及开关灯座的安装。

　认识电工常用工具

观察你从仓库领取的电工工具有哪些？对照 3-49 的图片，填写工具的名称。

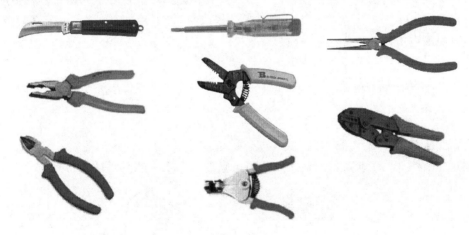

图 3-49　常用电工工具

【思考】

通过多媒体或网络设备及相关资料，填写以下空白处。

（1）电工刀的用途：电工刀是用来剖削_____、切割_____的工具。

（2）电工刀使用时，应将刀口朝_____剖削，剖削导线绝缘层时，应使刀面与成较_____的锐角，以免割伤导线。

1. 结构

电工刀是电工常用的一种切削工具,如图 3-50 所示。不用时,把刀片收缩到刀把内。刀片根部与刀柄相铰接,其上带有刻度线及刻度标识,前端形成有螺钉旋具刀头,两面加工有锉刀面区域,刀刃上具有一段内凹形弯刀口,弯刀口末端形成刀口尖,刀柄上设有防止刀片退弹的保护钮。

图 3-50 电工刀

2. 使用

用电工刀剖削电线绝缘层时,可把刀略微翘起一些,用刀刃的圆角抵住线芯。切忌把刀刃垂直对着导线切割绝缘层,因为这样容易割伤电线线芯。导线接头之前应把导线上的绝缘剥除。用电工刀切剥时,刀口千万别伤着芯线。常用的剥削方法有级段剥落和斜削法。

电工刀的刀刃部分要磨得锋利才好剥削电线,但不可太锋利,太锋利容易削伤线芯,磨得太钝,则无法剥削绝缘层。使用电工刀时,要注意以下 3 点安全知识,你在使用过程中注意到了吗?

(1) 使用电工刀时,应注意避免伤手。

(2) 电工刀用毕,随即将刀身折进刀柄。

(3) 电工刀刀柄是无绝缘保护的,不能在带电导线或器材上剖削,以免触电。

【思考】

(1) 低压验电器的用途是什么?形式有哪些形式?

(2) 判断图 3-51 验电器的使用方法的正确性,在正确的下面打"√"。

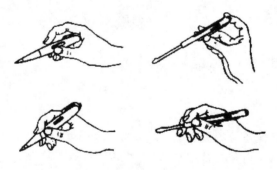

图 3-51 验电器用法

 低压验电器

验电器是查验导线和电气装备是否带电的一种电工经常使用检测东西。它分为低压验电器和高压验电器两种。低压验电器又称为测电笔,有笔式和螺钉旋具式两种。

1. 作用及结构

低压验电器是用来检验对地电压在250V及以下的低压电气设备的，也是家庭中常用的电工安全工具。它主要由工作触头、降压电阻、氖泡、弹簧等部件组成。这种验电器它是利用电流通过验电器、人体、大地形成回路，其漏电电流使氖泡起辉发光而工作的。只要带电体与大地之间电位差超过一定数值（60V以上），验电器就会发出辉光，低于这个数值，就不发光，从而来判断低压电气设备是否带有电压。

低压验电笔除主要用来检查低压电气设备和线路外，它还可区分相线与零线，交流电与直流电以及电压的高低。通常氖泡发光者为火线，不亮者为零线；但中性点发生位移时要注意，此时，零线同样也会使氖泡发光；对于交流电通过氖泡时，氖泡两极均发光，直流电通过的，仅有一个电极附近发亮；当用来判断电压高低时，氖泡暗红轻微亮时，电压低；氖泡发黄红色，亮度强时电压高。

2. 使用注意事项

在使用前，首先应检查一下验电笔的完好性，四大组成部分是否缺少，氖泡是否损坏，然后在有电的地方验证一下，只有确认验电笔完好后，才可进行验电。在使用时，一定要手握笔帽端金属挂钩或尾部螺钉，笔尖金属探头接触带电设备，这时在带电的情况下电笔中的氖泡就会发光。湿手不要去验电，不要用手接触笔尖金属探头。

【思考】

（1）观察你所领取的螺钉旋具，描述它的规格。

（2）螺钉旋具的正确使用方法有哪些？

 **螺钉旋具**

（1）螺钉旋具的用途：它用来紧固或拆卸螺钉。

（2）螺钉旋具的式样和规格：螺钉旋具的式样和规格很多，按头部形状不同可分为一字形和十字形两种，如图3-52（a）、（b）所示。

(a)   (b)

图 3 - 52

(a) 一字螺钉旋具；(b) 十字螺钉旋具

一字形螺钉旋具常用的规格有50mm、100mm、150mm和200mm等，电工必备的是50mm和150mm两种。十字形螺钉旋具专供紧固或拆卸十字槽的螺钉，常用的规格有Ⅰ～Ⅳ号4种，分别适用于直径为2～2.5mm、3～5mm、6～8mm和10～12mm的螺钉。按握柄材料不同，螺钉旋具又可分为木柄和塑料柄两种。

（3）螺钉旋具使用注意事项。

使用螺钉旋具时，要注意以下 3 点注意事项，你在使用过程中都碰到了吗？你能按照要求做到安全操作吗？

1）带电作业时，手不可触及螺钉旋具的金属杆，以免发生触电事故。

2）作为电工，不应使用金属杆直通握柄顶部的螺钉旋具。

3）为防止金属杆触到人体或邻近带电体，金属杆应套上绝缘管。

【思考】

钢丝钳有铁柄和绝缘柄两种，绝缘柄为电工用钢丝钳，常用的规格有
_____、_____、_____ 3 种。

知识链接四　电工钢丝钳

1. 钢丝钳的用途、结构和规格

（1）用途：钢丝钳又名花腮钳、克丝钳。用于夹持或弯折薄片形、圆柱形金属零件及切断金属丝，其旁刃口也可用于切断细金属丝。

（2）结构：钢丝钳有铁柄和绝缘柄两种，前者供一般使用，后者供有电的场合使用，即电工钢丝钳。电工钢丝钳由钳头和钳柄两部分组成，钳头由钳口、齿口、刀口和铡口 4 部分组成。钳口用来弯绞和钳夹导线线头；齿口用来紧固或起松螺母；刀口用来剪切导线或剖削软导线绝缘层；铡口用来铡切电线线芯、钢丝或铅丝等较硬金属。其构造及用途如图 3-53 所示。

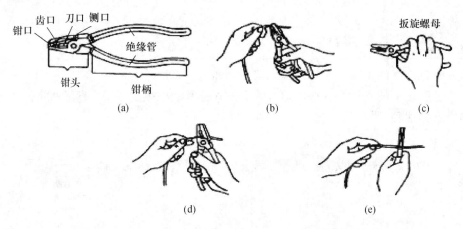

图 3-53　钢丝钳的构造及应用
（a）构造；（b）弯绞导线；（c）紧固螺母；（d）剪切导线；（e）铡切钢丝

从图中你能模仿出钢丝钳的正确使用吗？请大家动手试试。

（3）规格：分柄部不带塑料套（表面发黑或镀铬）和带塑料套两种，长度为：160mm、180mm、200mm。

2. 使用钢丝钳的注意事项

（1）使用前，检查钢丝钳绝缘是否良好，以免带电作业时造成触电事故。

（2）在带电剪切导线时，不得用刀口同时剪切不同电位的两根线（如相线与零线、相线与相线等），以免发生短路事故。

【思考】

（1）尖嘴钳因其头部尖细，适用于在狭小的工作空间操作。尖嘴钳也有_____柄和绝缘柄两种，绝缘柄的耐压为_____V。

（2）尖嘴钳的用途有哪些？

（3）在使用尖嘴钳时，要注意哪些注意事项？

（4）练习用尖嘴钳去掉导线的绝缘皮，并将导线扭成半角圈。

知识链接五　　尖嘴钳

1. 结构和用途

尖嘴钳又名：修口钳、尖头钳、尖咀钳。它是由尖头、刀口和钳柄组成，如图3-54所示。

钳柄上套有额定电压500V的绝缘套管，是一种常用的钳形工具。用途：主要用来剪切线径较细的单股与多股线，以及给单股导线接头弯圈、剥塑料绝缘层等，能在较狭小的工作空间操作，不带刃口者只能完成夹捏工作，带刃口者能剪切细小零件，它是电工（尤其是内线电工）、仪表及电信器材等装配及修理工作常用的工具之一。

图3-54　尖嘴钳

2. 注意事项

（1）注意不可以当作扳手，否则会损坏钳子。

（2）不可用作敲打工具。

（3）在焊接时夹持元件可以帮助元件散热。

【思考】

（1）斜口钳钳柄有铁柄、管柄和绝缘柄3种形式。其耐压为_____V。其特点是剪切口与钳柄成一定角度。对_____不同、_____不同的材料，应选用大小合适的斜口钳。

（2）简单描述斜口钳的功能。

知识链接六　　斜口钳

1. 结构和用途

斜口钳主要用于剪切导线、元器件多余的引线，还常用来代替一般剪刀剪切绝缘套管、尼龙扎线卡等，如图3-55所示。

市面上对于斜口钳又名"斜嘴钳"，斜口钳的刀口可用来剖切软电线的橡皮或塑料绝缘层。钳子的刀口也可用来切剪电线、铁丝。剪8号镀锌铁丝时，应用刀刃绕表面来回割几下，然后只需轻轻一扳，铁丝即断。铡口也可以用来切断电线、钢丝等较硬的金属线。

电工常用的有 150mm、175mm、200mm 及 250mm 等多种规格。可根据内线或外线工种需要选购。钳了的齿口也可用来紧固或拧松螺母。

图 3-55 斜口钳

2. 注意事项

（1）使用钳子要量力而行，不可以用来剪切钢丝、钢丝绳和过粗的铜导线和铁丝，否则容易导致钳子崩牙和损坏。

（2）使用工具的人员，必须熟知工具的性能，特点，使用、保管和维修及保养方法。使用钳子时用右手操作。将钳口朝内侧，便于控制钳切部位，用小指伸在两钳柄中间来抵住钳柄，张开钳头，这样分开钳柄灵活。

【思考】

（1）剥线钳是专用于剥削较细小导线_____的工具。它的手柄是绝缘的，耐压为_____V。

（2）使用剥线钳剥削导线绝缘层时，先将要剥削的绝缘长度用标尺定好，然后将_____放入相应的刀口中（比导线直径稍大），再用手将_____。

（3）钳柄一握，导线的绝缘层即被剥离，并_____弹出。

（4）剥线钳的特点：使用方便，剥离绝缘层不伤线芯，适用芯线横截面积为_____以下的绝缘导线。

知识链接七　剥线钳

1. 结构和用途

剥线钳由刀口、压线口和钳柄组成，是内线电工和电动机修理、仪器仪表电工常用的工具之一，如图 3-56 所示。剥线钳的钳柄上套有额定工作电压 500V 的绝缘套管，适用于塑料、橡胶绝缘电线、电缆线心的剥皮。剥线钳能顺利剥离线心直径为 0.5～2.5mm 导线外部的塑料或橡胶绝缘层。

2. 规格

全长有 140mm、160mm、180mm 三种。

3. 使用方法

（1）根据缆线的粗细型号，选择相应的剥线刀口。

（2）将准备好的电缆放在剥线工具的刀刃中间，选择好要剥线的长度。

图 3-56 剥线钳

（3）握住剥线工具手柄，将电缆夹住，缓缓用力使电缆外表皮慢慢剥落。

（4）松开工具手柄，取出电缆线，这时电缆金属整齐露出外面，其余绝缘塑料完好无损。

为了不伤及断片周围的人和物，请确认断片飞溅方向再进行切断，如图 3-57 所示。

使用方法

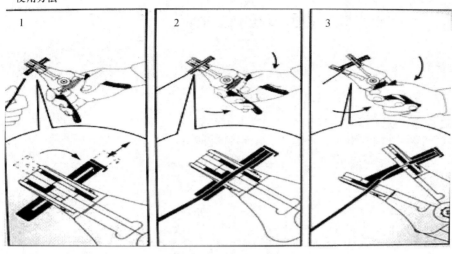

图 3 - 57　剥线钳用法

技能训练二　**电工常用工具的使用及技能训练**

（1）用剥线钳完成单股塑料铜芯硬线、软线的剥削的训练记录表 3 - 8。

表 3 - 8　　　　　　　　　　　　　　剥线练习 1

训练次数	单股塑料铜芯硬线		单股塑料铜芯软线	
	剥线总数	合格数	剥线总数	合格数
1				
2				

（2）用电工常用工具（除剥线钳）完成单股塑料铜芯硬线、软线的剥削并记录于表 3 -9。

表 3 - 9　　　　　　　　　　　　　　剥线练习 2

使用工具	训练次数	单股塑料铜芯硬线		单股塑料铜芯软线	
		剥线总数	合格数	剥线总数	合格数
	1				
	2				

（3）剥线比赛。

1）教学建议：单位时间内比速度、质量。

2）展示过程中各组的缺点，改进方法。

3）整个活动完成中出现的亮点和不足。

147

 白炽灯电路的安装与故障排除

【实训目标】

(1) 学习底座、开关、白炽灯电路的安装方法。

(2) 能够正确并较熟练地安装白炽灯电路。

(3) 能够判别白炽灯电路中常见的故障,并能排除。

(4) 在安装过程中理解施工质量与安全生产的意义。

【实训器材】

任务所需设备、工具、材料,如表 3 - 10 所示。

表 3 - 10　　　　　　　　　　任务所需设备、工具、材料

名称	型号与规格	单位	数量
木板	1200mm×600mm	块	1
护套线	BVR2×1.13mm²	米	3
低压断路器	DZ47-20	只	1
双联开关	86 型	只	1
开关盒	86 型	只	1
圆木	φ75mm	块	1
螺口平灯座		只	1
钢筋轧头	1 号~4 号	个	若干
小钉子	16mm	个	若干
木螺钉	4mm×30mm	个	若干
	4mm×25mm	个	若干
	4mm×18mm	个	若干
电工常用工具	验电笔、螺钉旋具、钢丝钳、断线钳、电工刀、斜口钳、剥线钳等	套	1
万用表	MF-47	块	1

【实训内容与步骤】

观察从仓库领取的导线、开关、灯等电工材料,学习其规格、型号、功能及使用规定。

【思考】

你对绝缘导线的知识知道多少?请同学们观察你们从仓库领取的材料并借助多媒体上网查找或查找相关书籍,完成以下空白处的填写及回答问题。

(1) 看看线上的铭牌标示,填写以下空格。

BV 表示:_____;

RBV 表示：＿＿＿＿＿＿＿＿＿＿＿＿＿＿＿＿＿＿＿＿；

RVV 表示：＿＿＿＿＿＿＿＿＿＿＿＿＿＿＿＿＿＿＿；

（2）在图 3-58 的铭牌上还有哪些参数？你能列出来吗？

图 3-58　绝缘导线铭牌

（3）观察你从仓库领的护套线的颜色。

1）外层护套层线颜色是：＿＿＿＿＿＿＿＿＿＿＿＿＿＿＿＿＿

2）内层线芯绝缘层颜色是：＿＿＿＿＿＿＿＿＿＿＿＿＿＿＿＿＿

（4）请观察图 3-59 中的两组图片，你认为零线，火（相）线分别该接哪种颜色的线，请选择你认为正确的答案。

火（相）线接：□红色　　　□蓝色

零线接：　　　□红色　　　□蓝色

火（相）线接：□棕色　　　□蓝色

零线接：　　　□棕色　　　□蓝色

（5）火（相）线颜色规定有哪些？

（6）零线颜色规定有哪些？

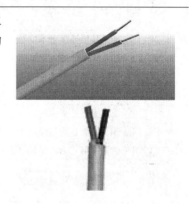

图 3-59 护套线

知识链接八　　**电缆**

随着社会的飞速发展，科学技术的不断进步，电线电缆的品种越来越多，目前粗略统计有一千多种、两万多个规格。

1. 电缆型号

电力电缆的导电线心是按照一定等级的标称截面积制造的，便于制造和设计与施工选型。我国电力电缆的标称截面积系列为 $1.5mm^2$、$2.5mm^2$、$4mm^2$、$6mm^2$、$10mm^2$、$16mm^2$、$25mm^2$、$35mm^2$、$50mm^2$、$70mm^2$、$95mm^2$、$120mm^2$、$150mm^2$、$185mm^2$、$240mm^2$、$300mm^2$、$400mm^2$、$500mm^2$、$600mm^2$，共 19 种。

每一种电线电缆都有其名称，电缆型号一般用一系列汉语拼音字母和阿拉伯数字来表示的。型号中部分字母的含义如表 3-11 所示。

表 3 - 11　　　　　　　　　　　　　　　　　　　　电缆型号中字母的含义

字母	含义	字母	含义
V	聚氯乙烯绝缘或护套	L	铝导体（铜导体省略），在铁路信号电缆中为铝护套
Y	聚乙烯绝缘或护套	B	固定布线用电缆（电线）；平型
K	控制电缆	R	软电缆（第二类导体或第 5 类导体）
JK	架空电缆	P	信号电缆；铜丝编织屏蔽
YJ	交联聚乙烯绝缘	DJ	电子计算机电缆
TR	软铜导体	P3	铝塑复合带屏蔽
P2	铜带屏蔽	22	钢带铠装聚氯乙烯护套
T	铁路	23	钢带铠装聚乙烯护套
A	综合护套	32	细圆钢丝铠装聚氯乙烯护套
ZR	阻燃型	33	细圆钢丝铠装聚乙烯护套
NH	耐火型	MH	煤矿用阻燃通信电缆

下面以聚氯乙烯绝缘电线为例进行说明型号的含义（见表 3 - 12）。

表 3 - 12　　　　　　聚氯乙烯绝缘电线电缆型号（JB/T 8734.5—2008）

型号	名称	额定电压/V	心数	标称截面/mm²
BV	铜心聚氯乙烯绝缘电缆（电线）	300/500	1	0.75~1
BLV	铝心聚氯乙烯绝缘电缆（电线）	450/750	1	2.5~400
BVR	铜心聚氯乙烯绝缘软电缆（电线）	450/750	1	2.5~70
BVV	铜心聚氯乙烯绝缘聚氯乙烯护套圆形电缆	300/500	1	0.75~10
BLVV	铝心聚氯乙烯绝缘聚氯乙烯护套圆形电缆	300/500	1	2.5~10
BVVB	铜心聚氯乙烯绝缘聚氯乙烯护套扁形电缆	300/500	2，3	0.75~10
BLVVB	铝心聚氯乙烯绝缘聚氯乙烯护套扁形电缆	300/500	2，3	2.5~10
RV	铜心聚氯乙烯绝缘连接软电线	300/500	1	0.3~1
RV	铜心聚氯乙烯绝缘连接软电线	450/750	1	1.5~70
RVB	铜心聚氯乙烯绝缘平行连接软电线	300/300	2	0.3~1
RVS	铜心聚氯乙烯绝缘 S 形连接软电缆	300/300	2	0.5~0.75
RVV	铜心聚氯乙烯绝缘聚氯乙烯护套连接软电缆（电线）	300/300	2，3	0.75~2.5
RVV	铜心聚氯乙烯绝缘聚氯乙烯护套连接软电缆（电线）	300/500	2，3，4，5	0.75~2.5
RVVB	铜心聚氯乙烯绝缘聚氯乙烯护套平行连接软电线	300/300	2	0.5~0.75
RVVB	铜心聚氯乙烯绝缘聚氯乙烯护套平行连接软电线	300/500	2	0.75
RVP RVP—90	铜心聚氯乙烯绝缘屏蔽软电线 铜心耐热 90℃聚氯乙烯绝缘软电线	300/300	1	0.08~2.5
RVVP RVVP1	铜心聚氯乙烯绝缘屏蔽聚氯乙烯护套软电线 铜心聚氯乙烯绝缘缠绕屏蔽聚氯乙烯护套软电缆	300/300	1	0.08~2.5

2. 火线、零线、地线各自颜色

单相照明电路中，一般黄色表示火线、蓝色是零线、黄绿相间的是地线。也有些地方使用红色表示火线、黑色表示零线、黄绿相间的是地线。

3. 安装护套线线路的技术要求

（1）护套线线心的最小截面积规定：室内使用时，铜心导线不得小于 $1mm^2$，铝心导线不得小于 $1.5mm^2$。

（2）护套线敷设时，不可采用线与线的直接缠绕连接方法，而应采用接线盒或借用其他电气装置的接线端子来连接线头。

（3）护套线可用塑料钢钉电线夹等进行支持。

（4）护套线支持点定位的规定：直线部分，两支持点之间的距离一般为 0.2m；转角部分，转角前后各应安装一个支持点；两根护套线十字交叉时，交叉处的四方各应安装一个支持点；进入接线盒应安装一个支持点。

（5）护套线在同一墙面上转弯时，必须保持垂直。

（6）护套线线路的离地最小距离不得小于 0.15m。

4. 工艺标准和质量标准

（1）护套线敷设平直、整齐，固定可靠，穿过梁、墙、楼板和跨越线路等处有保护管。跨越建筑物变形缝的导线两端固定牢固，应留有补偿余量。

（2）导线明敷部分紧贴建筑物表面，多根平行敷设间距一致，分支和弯头处整齐。

（3）导线连接牢固，包扎严密，绝缘良好，不伤线芯，接头设在接线盒或电气器具内；板孔内无接头；接线盒位置正确，盒盖齐全、平整，导线进入接线盒式电气器具内留有适当余量。

【思考】

（1）开关的作用是什么？

（2）你所领取的开关是属于以下的哪一种？请在 3-60 的图片下方打"√"。

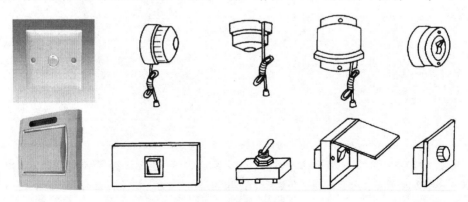

图 3-60 开关

（3）你所领取的开关有相应的铭牌吗？铭牌上有哪些信息，请你列出，并说明它的含义。

知识链接九 　开关

开关的类型很多，一般分类方式如下。

（1）按装置方式，可分为明装式（明线装置用）、暗装式（暗线装置用）、悬吊式（开关处于悬垂状态使用）、附装式（装设于电气器具外壳）。

（2）按操作方法，分为跷板式、倒扳式、拉线式、按钮式、推移式、旋转式、触摸式和感应式。

（3）按接通方式，可分为单联（单投、单极）、双联（双投、双极）、双控（间歇双投）和双路（同时接通二路）。常用开关如图3-60所示。

【思考】

（1）白炽灯具有：_____、_____、_____、_____、_____等特点。一般灯泡为无色透明灯泡，也可根据需要制成磨砂灯泡、乳白灯泡及彩色灯泡。

（2）"40W"是什么含义？

（3）对照你所领取的灯，记录灯上的铭牌内容，并描述它们的含义。

（4）灯头的结构是插口式和螺口式？

知识链接十 　白炽灯

白炽灯由灯丝、玻璃壳、玻璃支架、引线、灯头等组成，如图3-61所示。灯丝一般用钨丝制成。当电流通过灯丝时，由于电流的热效应，使灯丝温度上升至白炽程度而发光。40W以下的灯泡，制作时将玻璃壳内抽成真空；40W及以上的灯泡则在玻璃壳内充有氩气或氮气等惰性气体，使钨丝在高温时不易挥发。

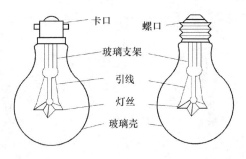

图3-61　白炽灯

白炽灯的种类很多，按其灯头结构可分为插口式和螺口式两种，按其额定电压分为6V、12V、24V、36V、110V和220V六种。就其额定电压来说有6～36V的安全照明灯泡，作局部照明用，如手提灯、车床照明灯等；有220～230V的普通白炽灯泡，作一般照明用。按其用途可分为普通照明用白炽灯、投光型白炽灯、低压安全灯、红外线灯及各类信号指示灯等。各种不同额定电压的灯泡，其外形很相似，所以在安装使用灯泡时应注意灯泡的额定电压必须与线路电压一致。

你所领取的灯座是属于以下的哪一种，请在图 3-62 相应的图片的下方打"√"。

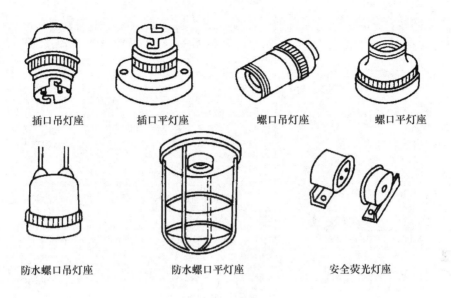

插口吊灯座　　　　插口平灯座　　　　螺口吊灯座　　　　螺口平灯座

防水螺口吊灯座　　　　防水螺口平灯座　　　　安全荧光灯座

图 3-62　常用灯座

 **灯座**

灯座是供普通照明用白炽灯泡和气体放电灯管与电源连接的一种电气装置。

灯座的种类很多，分类方法也有多种。

（1）按与灯泡的连接方式，分为螺旋式（又称螺口式）和卡口式两种，这是灯座的首要特征分类。

（2）按安装方式分，则有悬吊式、平装式、管接式三种。

（3）按材料分，有胶木、瓷质和金属灯座。

（4）其他派生类型，如防雨式、安全式、带开关、带插座二分火、带插座三分火等多种。除白炽灯座外，还有荧光灯座（又叫日光灯座）、荧光灯启辉器座以及特定用途的橱窗灯座等。常用灯座如图 3-62 所示。

【现场施工】

常用照明装置的安装要求如表 3-13 所示。

表 3 - 13　　　　　常用照明装置的安装要求

序号	名称	适用场所	安装要求
1	平开关	户内一般场所	1）开关的操作机构应灵活轻巧，触头应接触可靠，触头的接通和断开，均应有明显标志 2）成排安装的开关，高度应一致，高度差应不大于 2mm 3）开关位置应与灯位相对应，同一室内开关的开、闭方向一致 4）开关通常装在门旁边或其他便于操作的地点 5）开关应串联在通往灯头的相线上
2	暗装双联开关（86 型）	户内一般场所	6）暗装开关的盖板应端正、严密，且与墙面齐平。明装开关应装在厚度不小于 15mm 的木台上 7）安装平开关时，无论明装或暗装，均应安装成往上扳动接通电源（能看到红色的标记），往下扳动切断电源
3	明装插座	室内一般场所	1）插座的额定电压必须与受电电压相符，其额定电流不应小于所控电器的额定电流 2）双孔插座应水平并列安装，不许垂直安装。三孔或四孔插座的接地孔（较粗的一个孔）置于顶部，不许倒装或横装 3）单相二孔插座。面对插座，右侧孔眼接线柱接相线，左侧孔眼接线柱接中性线（零线） 4）单相三孔插座。面对插座，上方孔眼（有接地标志）在 TT 系统中接接地线，在 TN—C 系统中有保护中性线；右侧孔眼接相线；左侧孔眼接中性线
4	暗装插座		5）三相四孔插座。面对插座，上方孔眼（有接地标志）在 IT 系统、TT 系统中接接地线，在 TN—C 系统中有保护中性线；相线则是由左侧孔眼起分别接 L1、L2、L3 三相
5	螺口灯座	适用于工农业生产和日常生活中	1）灯具安装的高度，室外一般不低于 3m，室内一般不低于 2.5m 2）灯具安装应牢固，灯具质量超过 3kg 时，必须固定在预理的吊钩上 3）灯具固定时，不应因灯具自重而使导线承受额外的拉力 4）导线在引入灯具处应有绝缘保护，以免磨损导线的绝缘，也不应使其承受额外的拉力
6	插口灯座		
7	吊灯座	室内一般场所，用于安装吊灯	吊灯座必须用两根绞合的塑料软线或花线作为与挂线盒（俗称先令）的连接线，两端均应将线头绝缘层削去，将上端塑料软线穿入挂线盒盖孔内并打结，使其能承受吊灯的力

【电路原理图和线路布置注意事项】

1. 电路图和线路布置图

在照明线路中，用一个开关来控制一只或一组灯的控制方式称为一控一照明线路，这种线路在照明线路中应用最为广泛，适用于分散就近控制。其工作原理图如图 3 - 63 所示。线路布置图如图 3 - 64 所示。

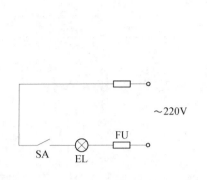

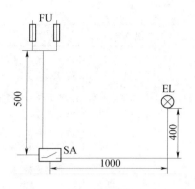

图 3-63　一控一照明线路工作原理图　　　　图 3-64　一控一照明线路线路布置图

安装双联两地控制白炽灯电路（双控）如图 3-65 所示。

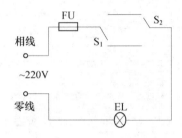

图 3-65　双控灯电路图

2. 操作注意事项

（1）进入实训场地必须穿好工作服和电工鞋，女生必须戴好工作帽。

（2）工作中注意文明操作，工具、量具及材料的摆放要规范有序。

（3）要合理使用螺钉旋具，防止损坏螺钉。

（4）使用电工刀时应注意电工刀的握法，不用时应将刀身折入刀柄内，防止伤害事故发生。

（5）使用手枪电钻打孔时，不能戴手套，防止手套卷入钻头伤害手指。

（6）直线敷设，需先调整护套线成平直。

（7）拐角敷设，注意拐角半径尺寸。

（8）通电检验时，应在老师监护下进行，严禁单独操作。

评分标准如表 3-14 所示。

表 3-14　　　　　　　　　　　　　　　评分标准

项目	配分	评分标准		扣分	得分
元件安装	20	（1）元件定位尺寸不正确每处	扣 5 分		
		（2）画线不正确，每处	扣 5 分		
		（3）元件安装位置不正确，每处	扣 5 分		
		（4）元件安装松动，每处	扣 5 分		

项目	配分	评分标准		扣分	得分
接线	20	(1) 护套线不平直，每根	扣 5 分		
		(2) 导线剖削损伤，每处	扣 5 分		
		(3) 扎护套线转角不符合要求，每处	扣 2 分		
		(4) 钢精轧头敷设不符合要求，每处	扣 2 分		
		(5) 接头不合规范，每处	扣 2 分		
		(6) 卡、钉安装不符合要求，每处	扣 1 分		
		(7) 火线没接开关	扣 2 分		
通电试车	30	(1) 一次通电不成功	扣 10 分		
		(2) 二次通电不成功	扣 20 分		
		(3) 三次通电不成功	扣 30 分		
实训报告	10	没按照报告要求完成、内容不正确	扣 10 分		
团结协作精神	10	小组成员分工协作不明确、不能积极参与	扣 10 分		
安全文明生产	10	违反安全文明生产规程	扣 5～10 分		
定额时间：2 小时		每超时 5 分钟以内以扣 5 分计算			
备注		除定额时间外，各项目的最高扣分不应超过配分	成绩		
开始时间		结束时间		实际时间	

【白炽灯照明电路的常见故障及检修方法】

如表 3 - 15 所示。

表 3 - 15 　　　　　　白炽灯照明电路的常见故障及检修方法

故障现象	产生原因	检修方法
灯泡不亮	1) 灯泡钨丝烧断 2) 电源熔断器的熔丝烧断 3) 灯座或开关接线松动或接触不良 4) 线路中有断路故障	1) 调换新灯泡 2) 检查熔丝烧断的原因并更换熔丝 3) 检查灯座和开关的接线并修复 4) 用验电器检查线路的断路处并修复
开关合上后熔断器熔丝熔断	1) 灯座内两线头短路 2) 螺口灯座内中心铜片与螺旋铜圈相碰短路 3) 线路中发生短路 4) 用电器发生短路 5) 用电量超过熔丝容量	1) 检查灯座内两线头并修复 2) 检查灯座并扳正中心铜片 3) 检查导线绝缘是否老化或损坏并修复 4) 检查用电器并修复 5) 减小负载或更换熔断器
灯泡忽亮忽灭	1) 灯丝烧断，但受振动后忽接忽离 2) 灯座或开关接线松动 3) 熔断器熔丝接触不良 4) 电源电压不稳	1) 更换灯泡 2) 检查灯座和开关并修复 3) 检查熔断器并修复 4) 检查电源电压

故障现象	产生原因	检修方法
灯泡发强烈白光，并瞬时或短时烧毁	1）灯泡额定电压低于电源电压 2）灯泡钨丝有搭丝，从而使电阻减小，电流增大	1）更换与电源电压相符的灯泡 2）更换新灯泡
灯光暗淡	1）灯泡内钨丝挥发后积聚在玻璃壳内，表面透光度降低，同时由于钨丝挥发后变细，电阻增大，电流减小，光通量减小 2）电源电压过低 3）线路因老化或绝缘损坏有漏电现象	1）正常现象，不必修理 2）提高电源电压 3）检查线路，更换导线

【巩固】

（1）三相插座的接线方式是＿＿＿＿＿＿＿＿＿＿。

（2）在护套线配线中，钢筋轧片之间的距离一般为＿＿＿＿＿＿＿，距开关、插座等的距离一般为＿＿＿＿＿＿＿。

（3）开关一般离地高度为＿＿＿＿＿＿＿，与门框的距离一般为＿＿＿＿＿＿＿。

（4）明插座的安装高度一般离地＿＿＿＿＿＿＿，安装在托儿所、幼儿园、小学校等场所的明插座一般应不低于＿＿＿＿＿＿＿。暗装插座一般应不低于＿＿＿＿＿＿＿。

技能训练四　荧光灯电路的安装

【实训目标】

（1）提高职业意识，在安装电路过程中培养团队合作精神，养成良好的职业习惯。

（2）能够正确并较熟练地安装荧光灯电路。

（3）能够判别荧光灯电路中常见的故障现象的原因并能排除。

【实训器材】

任务所需设备、工具、材料表，如表3-16所示。

表3-16　　　　　　　　　　任务所需设备、工具、材料

名称	型号与规格	单位	数量
木板	1200mm×600mm	块	1
绝缘电线	BVR0.75mm²	米	15
塑料槽板	自定	米	5
低压断路器	DZ47—20	只	1
单联开关	86型	只	1

名称	型号与规格	单位	数量
开关盒	86型	只	1
插座	单相三极、交流250V、15A		
日光灯	20W	套	1
小钉子	8cm	个	30
木螺钉	4mm×30mm	个	若干
	4mm×25mm	个	若干
	4mm×18mm	个	若干
电工常用工具	验电笔、螺钉旋具、钢丝钳、断线钳、电工刀、斜口钳、剥线钳等	套	1
万用表	MF—47	块	1

【安装步骤与方法】

一、荧光灯的组成

荧光灯由灯管、启辉器、镇流器、灯架和灯座组成，如图3-66所示。

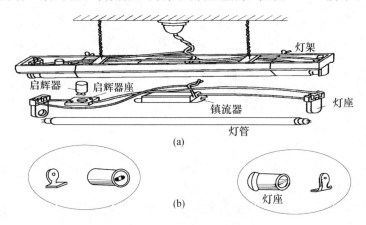

图3-66 荧光灯的组成

1. 灯管

灯管由玻璃管、引出脚和灯丝构成。玻璃管内壁涂有荧光材料，灯丝上涂有电子粉，管内充有少量的汞及适量的惰性气体氩气。灯管结构如图3-67所示。

2. 电感式镇流器

电感式镇流器是有铁心的电感线圈。其作用是：在灯启动时它产生瞬时高电压点燃灯管，在工作时它限制灯管电流。其结构形式有单线圈式和双线圈式两种。按其外形可分为半封闭式、开启式和半开启式3种。选用镇流器时，其标称功率必须与灯管的功率相符。

3. 电子镇流器

在日光灯电路中，电子镇流器与传统的电感式镇流器相比较，有节能低耗（自身损耗

158

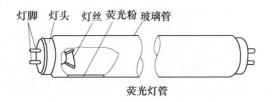

图 3-67 荧光灯管

通常在 1W 左右）、效率高、电路连接简单、不用启辉器、工作时无噪声、功率因数高（大于 0.9 甚至接近于 1）、可使灯管寿命延长一倍等优点。尽管目前电子镇流器价格偏高，但从节能的角度考虑，有必要用电子镇流器来取代电感式镇流器。

4. 启辉器

启辉器又名启动器，它是作为启动灯管发光的器件。其中电容主要是用来吸收干扰电子设备的杂波。若电容漏电严重，启辉器去掉后仍可使灯管正常发光，但将失去吸收干扰杂波的能力。

5. 灯架

灯架是用来安装日光灯电路中各个零部件的载体，有木制、铁皮制和铝皮制等几种类型。选用灯架的规格应与灯管的长度、数量和光照的方向相配合，灯架的长度应比灯管稍长，反光面应涂白油漆，以增强光线的反射能力。

6. 灯座

日光灯座有开启式和插入弹簧式两种。日光灯管通过灯座支撑在灯架上，再用导线连接成完整的日光灯工作电路。

二、塑料槽板布线的配线方法和步骤

（1）定位画线。为使线路安装得整齐、美观，塑料槽板应尽量沿房屋的线脚、横梁、墙角等处敷设，并与用电设备的进线口对正、与建筑物的线条平行或垂直。

（2）槽板固定。塑料槽板安装前，应首先将平直的槽板挑选出来，剩下弯曲槽板，设法利用在不明显的地方。塑料槽板固定时，应先敷设槽底，可埋好木榫，用木螺钉固定槽底；也可用塑料膨胀管来固定槽底。固定点一般距离底板起点和终点 30mm，中间两钉之间距离一般不大于 500mm。

（3）导线敷设。敷设导线应以一分路一条塑料槽板为原则。塑料槽板内不允许有导线接头，以减少隐患，如必须接头时要加装接线盒。导线敷设到灯具、开关、插座等接头处，要留出 100mm 左右线头，用作接线。在配电箱和集中控制的开关板等处，按实际需要留足长度，并在线段做好统一标记，以便接线时识别。

（4）固定盖板。在敷设导线的同时，边敷线边将盖板固定在底板上。

三、线路安装工艺

（1）根据实际安装位置条件，设计并绘制安装图，如图 3-68 所示。

（2）依照实际的安装位置，确定开关、插座及日光灯的安装位置并做好标记。

（3）定位画线。按照已确定好的开关及插座等的位置，进行定位画线，操作时要依据横平竖直的原则。

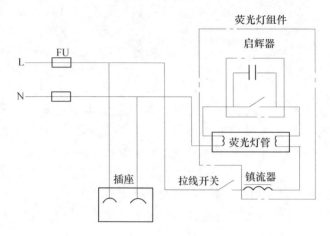

图 3 - 68 荧光灯电路

（4）截取塑料槽板。根据实际画线的位置及尺寸，量取并切割塑料槽板，切记要做好每段槽板的相对位置标记，以免混乱。

（5）打孔并固定。可先在每段槽板上间隔 500mm 左右的距离钻 4mm 的排孔（两头处均应钻孔），按每段相对放置位置，把槽板置于画线位置，用划针穿过排孔，在定位画线处和原画线处垂直划一个"十"字作为木榫的底孔测心，然后在每一圆心处均打孔，并镶嵌木榫。

（6）固定槽板。把相对应的每段槽板，安放在墙上的相对应的位置，用木螺钉把槽板固定于墙和天花板上，在拐弯处应选用合适的接头或弯角。

（7）装接开关和插座。把开关和插座分别接线固定在事先准备好的圆木上，把灯座接线，并固定在灯头盒上。

（8）连接白炽灯并通电试灯。用万用表或兆欧表，检测线路绝缘和通断状况无误后，接入电源，合闸试灯。

评分标准见表 3 - 17。

表 3 - 17   评分标准

项目	配分	评分标准		扣分	得分
安装设计	10	绘制电路图不正确	扣 10 分		
线路的安装	30	（1）元件布置不合理	扣 5 分		
		（2）木台、灯座、开关、插座和吊线盒等安装松动，每处	扣 5 分		
		（3）电器元件损坏，每只	扣 10 分		
		（4）火线未进开关	扣 10 分		
		（5）塑料槽板不平直，每根	扣 2 分		
		（6）线芯剖削有损伤，每处	扣 5 分		
		（7）塑料槽板转角不符合要求，每处	扣 2 分		
		（8）管线安装不符合要求，每处	扣 5 分		

项目	配分	评分标准	扣分	得分
通电试验	30	安装线路错误，造成短路、断路故障，每通电 1 次扣 10 分，扣完 30 分为止		
实训报告	10	没按照报告要求完成、内容不正确　　　　　　扣 10 分		
团结协作精神	10	小组成员分工协作不明确、不能积极参与　　　扣 10 分		
安全文明生产	10	违反安全文明生产规程　　　　　　　　扣 5～10 分		
定额时间：2 小时		每超时 5 分钟以内以扣 5 分计算		
备注		除定额时间外，各项目的最高扣分不应超过配分	成绩	
开始时间		结束时间　　　　　　　　　　实际时间		

【巩固】

（1）日光灯主要由_____、_____、_____、_____等部分组成，常用灯管的功率最小的为_____ W，最大的为_____ W。

（2）镇流器是具有_____的电感线圈。它有两个作用：启动时与_____配合，产生_____点燃日光灯管。在工作时利用_____在电路中的_____来限制灯管电流。

（3）启辉器的两个作用：一是与_____线圈组成 LC 振荡回路，能延长灯丝_____和维持_____；二是能吸收_____，减轻电子设备的_____干扰。

（4）叙述日光灯的工作原理。

（5）日光灯镇流器有杂声或产生电磁声的原因是什么？

知识链接十二　导线线头绝缘层的剖削

导线线头绝缘层的剖削是导线加工的第一步，是为以后导线的连接作准备。电工必须学会用电工刀、钢丝钳或剥线钳来剖削绝缘层。

一、塑料硬线绝缘层的剖削

1. 用钢丝钳剖削塑料硬线绝缘层

线心截面为 4mm² 及以下的塑料硬线，一般用钢丝钳进行剖削。剖削方法如下。

（1）用左手捏住导线，在需剖削线头处，用钢丝钳刀口轻轻切破绝缘层，但不可切伤线心。

（2）用左手拉紧导线，右手握住钢丝钳头部用力向外勒去塑料层，如图3-69所示。

在勒去塑料层时，不可在钢丝钳刀口处加剪切力，否则会切伤线心。剖削出的线心应保持完整无损，如有损伤，应重新剖削。

2. 用电工刀剖削塑料硬线绝缘层

线心面积大于 $4mm^2$ 的塑料硬线，可用电工刀米剖削绝缘层，方法如下。

（1）在需剖削线头处，用电工刀以 45°角倾斜切入塑料绝缘层，注意刀口不能伤着线心，如图 3－70（a）所示。

（2）刀面与导线保持 25°角左右，用刀向线端推削，只削去上面一层塑料绝缘，不可切入线心，如图 3－70（b)所示。

（3）将余下的线头绝缘层向后扳翻，把该绝缘层剥离线心，如图 3－70（c）所示。再用电工刀切齐。

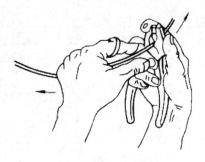

图 3－69　钢丝钳剖削
塑料硬线绝缘层

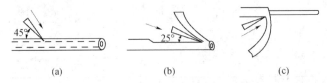

(a)　　　　　　　　(b)　　　　　　　　(c)

图 3－70　电工剖削塑料硬线绝缘层
（a）刀 45°角倾斜切入；（b）刀 25°角倾斜切入；（c）翻下余下塑料层

二、塑料软线绝缘层的剖削

塑料软线绝缘层用剥线钳或钢丝钳剖削。剖削方法与用钢丝钳剖削塑料硬线绝缘层方法相同。不可用电工刀剖削，因为塑料软线由多股铜丝组成，用电工刀容易损伤线心。

三、塑料护套线绝缘层的剖削

塑料护套线具有二层绝缘：护套层和每根线芯的绝缘层。塑料护套线绝缘层用电工刀剖削，方法如下。

1. 护套层的剖削

（1）按线头所需长度处，用电工刀刀尖对准护套线中间线心缝隙处划开护套线，如图 3－71（a）所示。如偏离线心缝隙处，电工刀可能会划伤线心。

（2）向后扳翻护套层，用电工刀把它齐根切去，如图 3－71（b）所示。

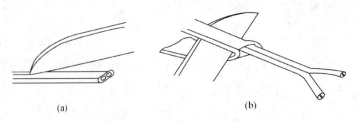

(a)　　　　　　　　　　(b)

图 3－71　塑料护套线绝缘层的剖削
（a）用刀尖在线心缝隙处划开护套层；（b）扳翻护套层并齐根切去

2. 内部绝缘层的剖削

在距离护套层 5～10mm 处，用电工刀以 45°角倾斜切入绝缘层，其剖削方法与塑料硬线剖削方法相同。

 **知识链接十三** 导线绝缘的恢复

导线绝缘层破损或导线连接后都要恢复绝缘，恢复后的绝缘强度不应低于原有的绝缘层。恢复绝缘层的材料一般用黄蜡带、涤纶薄膜带、塑料带和黑胶带等。黄蜡带或黑胶带通常选用带宽 20mm，这样包缠较方便。

一、绝缘带的包缠

（1）先用黄蜡带（或涤纶带）从离切口两根带宽（约 40mm）处的绝缘层上开始包缠，如图 3-72（a）所示。缠绕时采用斜叠法，黄蜡带与导线保持约 55°的倾斜角，每圈压叠带宽的 1/2，如图 3-72（b）所示。

（2）包缠一层黄蜡带后，将黑胶带接于黄蜡带的尾端，以同样的斜叠法按另一方向包缠一层黑胶带，如图 3-72（c）和（d）所示。

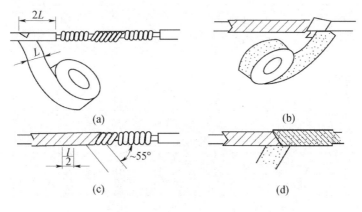

图 3-72　绝缘带的包缠

二、注意事项

（1）电压为 380V 的线路恢复绝缘时，可先用黄蜡带用斜叠法紧缠两层，再用黑胶带缠绕 1～2 层。

（2）包缠绝缘带时，不能过疏，更不允许露出线心，以免造成事故。

（3）包缠时绝缘带要拉紧，要包缠紧密、坚实，并黏结在一起，以免潮气侵入。

任务五　小型配电箱安装与测试

【实训目标】

(1) 掌握制作面板的方法。

(2) 掌握配电箱的安装方法及配线要求。

(3) 根据设计要求画出配电板的电路图。

(4) 能正确完成配电板的安装、布线、自检及通电试车步骤。

(5) 能熟练完成日光灯线路的安装与故障检修。

(6) 提高职业意识，在安装电路过程中培养团队合作精神，养成良好的职业习惯。

【实训器材】

任务所需设备、工具、材料表，如表 3-18 所示。

表 3-18　　　　　　　　　任务所需设备、工具、材料

名称	型号与规格	单位	数量
木板	1200mm×600mm	块	1
绝缘电线	BV1.5mm^2	米	15
单相电度表	DD282	只	1
单相闸刀	HK1-30	只	1
漏电保护器	SR99LEII-32	只	1
熔断器	瓷插式 RC1A	只	2
插座	单相三极、交流 250V、15A		
单联开关	86 型	只	1
灯泡	40W	只	1
小钉子	8cm	个	30
木螺钉	4mm×30mm	个	若十
	4mm×25mm	个	若干
	4mm×18mm	个	若干
电工常用工具	验电笔、螺钉旋具、钢丝钳、断线钳、电工刀、斜口钳、剥线钳等	套	1
万用表	MF-47	块	1

 家用配电箱的容量设计与安装

【案例】

某户人家空调、冰箱、彩电、电照明灯具、洗衣机、电风扇、吸尘器等家用电器的总

功率为4400kW，总电流为20A。考虑过载或负载增加，总电流应乘以过度系数，这里选1.25，即20A×1.25＝25A，故应选择30A的电度表，电源开关（断路器）的额定电流为30A，导线的线径应为2.24mm。空调、电热水器支路的导线线径应为1.76mm，所配单极断路器的额定电流为15A。照明灯具的线径应为1.37mm或1.76mm，所配单相断路器的额定电流为15A。插座的线径应为1.76mm（有可能接插大功率电器，必须选线径为1.76mm的导线），所配单极断路器的额定电流为15A。

仿照以上案例，根据表3-19的内容，对自己家的照明电器、家用电器进行统计，完成家用照明配电箱容量的设计与配电器材的选用。

说明：①每台空调必须独用一条支路，插座额定电流为15A，导线的额定电流为17A；②电热水器必须独用一条支路，插座额定电流为15A，导线的额定电流为17A；③照明电路导线的额定电流为15A；④洗衣机、彩色电视机等家用电器的插座额定电流为10A，导线的额定电流为17A（因为是多个插座并联）。根据总功率或总电流选择电度表、断路器以及导线。

表3-19　　　　　　　　　　　家用配电箱支路与线径的确定

序号	电器名称及数量	功率/W	电流/A	使用情况	所在支路
1	LG柜式空调一台	2640	12	冬夏季常用	空调插座（1）15A
2	LG分体空调一台	2200	10	冬夏季常用	空调插座（3）15A
3	电热水器一台	1650	7.5	四季常用	电热水器（4）15A
4	25W灯具10盏	250	1	四季常用	照明电器（5）2A
5	40W灯具5盏	200	1.2	四季常用	照明电器（5）2A
6	10W灯具20盏	200	1	四季常用	照明电器（5）17A
7	微波炉一台	1100	5	四季常用	电器插座（6）10A
8	电饭锅一台	800	4	四季常用	电器插座（6）10A
9	电磁炉一台	800	4	四季常用	电器插座（6）10A
10	液晶彩电两台	440	2	四季常用	电器插座（6）10A
11	滚筒洗衣机一台	380	2	四季常用	电器插座（6）10A
12	计算机一台	140	1	四季常用	电器插座（6）10A
13	DVD、音响设备等	440	2	四季常用	电器插座（6）10A
14	其他家电产品	220	2	四季常用	电器插座（6）10A
合计		≈11000	≈55		

知识链接一　**家用照明配电箱简介**

家用照明配电箱是家用照明与家用电器的配电、计量与控制设备。它主要由电度表、低压断路器、漏电保护器等组成。

一、电度表

电度表也叫电能表，是计量用电量的仪表。电度表有感应式与电子式两种。其中感应式电度表如图 3-73 所示，它主要由电流线圈、电压线圈、电磁铁、铝盘、转轴、计数器等组成。计量用电量时，电压线圈和电流线圈产生的主磁通穿过铝盘，在铝盘上感应出涡流并产生转矩，驱动铝盘转动，带动计数器计算耗电量的多少。用电量越大，所产生的转矩就越大，计量出的用电量数字就越大。

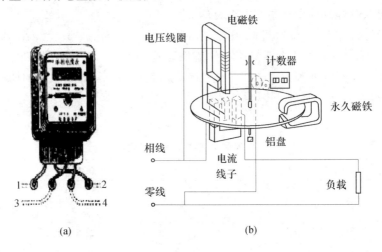

图 3-73　感应式电度表
(a) 外形；(b) 结构与接线

单相电度表有四个接线端，1、3 接线端接进线（电源），2、4 接线端接负载（用电器），其中 1、2 接相线，3、4 接零线。电子式电度表的接线和感应式电度表相同。

家用电度表常用的规格有 15A（3300W）、20A（4400W）、40A（8800W）等几种。电度表的选用要根据负载来确定，其额定电流（功率）应为实际用电电流（功率）的1.25～4 倍。

二、低压断路器

1. 三极（三相）低压断路器

低压断路器旧称自动空气开关或自动空气断路器，在照明电路中用作低压配电的开关以及短路、过载、欠电压保护等。

如图 3-74 所示，断路器主要由触头系统（动触头、静触头）、各种脱扣器、灭弧装置及操作机构（按钮）等构成。

如图 3-75 所示，电路正常工作时，电磁脱扣器不吸合，热双金属片不弯曲，断路器正常吸合。当发生短路或严重过载时，电流超过整定电流，使电磁脱扣器衔铁吸合，通过杠杆使触头分断，切断电源。当一般过载时，电磁脱扣器不动作，但热元件发热使热双金属片受热弯曲伸张，推动杠杆使触头分断，切断电源。欠电压脱扣器与电磁脱扣器正好相反：当电路正常工作时，衔铁吸合；当电源电压过低时，衔铁释放，通过杠杆使触头分

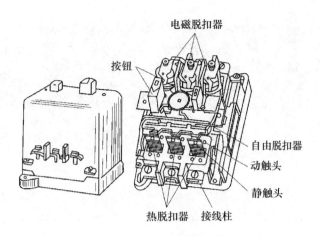

图 3-74 DZ5—20 型断路器的外形和结构

断，切断电源，以防再次来电时用电器在没人看管的情况下继续工作。

低压断路器有三极与单极之分，三极断路器用于三相电源及电气控制；单极断路器用于单相电源、照明电路及家用电器等控制。单极断路器与三极断路器的结构基本相同。

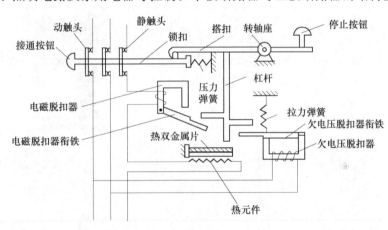

图 3-75　低压断路器的工作原理

2. 单极断路器

单极断路器外形如图 3-76 所示，它根据需要可组成多极断路器。其结构与工作原理与三极断路器基本相同，常用于 220V/380V 的配电、单相电动机及照明电路的控制。

3. 低压断路器的一般选用原则

（1）低压断路器的额定电压≥线路额定电压。

（2）断路器的额定电流≥线路计算的负载电流。

（3）热脱扣器的整定电流＝所控制负载的额定电流。

（4）电磁脱扣器的瞬时脱扣整定电流≥负载电路正常工作时的峰值电流。

（5）欠电压脱扣器的额定电压＝线路额定电压。

4. 漏电断路器

在如图 3-77 所示电路中，正常工作时，零序电流互感器的电流之和为零。当发生触电

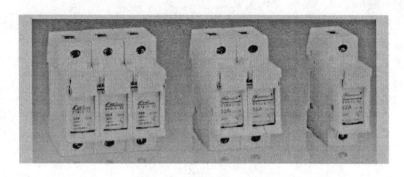

图 3-76　单极断路器外形

事故时，零序电流互感器的电流不再为零，此时电路中的零线、相线同时分断，起到漏电保护作用。图 3-78 为 DZ15LE 型漏电断路器的外形。一般漏电保护器动作电流≤30mA。

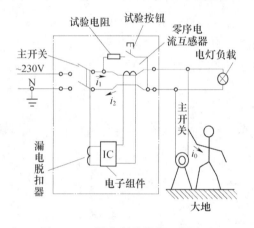

图 3-77　漏电断路器的工作原理

图 3-78　DZ15LE 型漏电断路器的外形

三、导线

导线用来连接电源与电气设备。导线的额定电流应不小于负载电流的 1.25 倍。常用导线的额定电流见表 3-20。截面积为 1.5mm²、2.5mm² 的导线用于连接家用电器，截面积为 4.0mm² 的导线用于连接总电源、电度表及三相断路器（电源开关）。

表 3-20　　　　　　　　　　　　　　常用导线的额定电流

导线线径/ mm	导线面积/ mm²	护套线/A				单根线心/A
		2 根线心		3 或 4 根线心		
		塑料绝缘	橡皮绝缘	塑料绝缘	橡皮绝缘	塑料绝缘
1.37	1.5	17	14	10	10	21
1.76	2.5	23	18	17	16	29
2.24	4.0	30	28	23	21	

配电装置通常由进户总熔断器、电能表和电流互感器等组成。配电装置一般由控制开关、过载及短路电器等组成，容量较大的还装有隔离开关。

168

一般将总熔断器装在进户管的墙上，而将电流互感器、电能表、控制开关、短路和过载保护电器均安装在同一块配电板上，如图3-80所示。

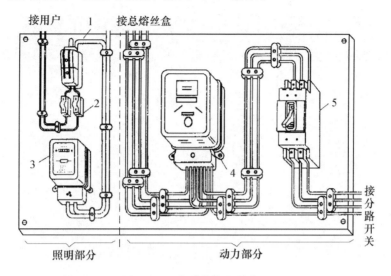

图3-79 各种设备安装位置

 **配电板（箱）的制作与组装**

一、面板的制作及低压配电设备的安装

1. 根据设计要求来制作面板

家用配电板的电路如图3-80（a）、（b）所示。可根据单相电能表、熔断器、闸刀开关（或自动空气开关）和漏电保护器等的规格来确定面板的尺寸，面板四周与箱体侧壁之间应留有适当的缝隙，以方便面板在箱内固定；配电板还需加框边，以方便在板的反面布线。

2. 实物排列

把全部待安装的低压配电设备置于水平放置的配电板上，先进行实物排列。要求将电能表安装在配电板上方便于观察的位置，各回路的自动空气开关、漏电保护器（熔断器）要安装在便于操作和维护的位置，并要求在面板上排列整齐美观。

3. 元器件间距离符合规范要求

各种元器件、出线口、绝缘导管等，离盘面边缘的距离要求大于3cm。按照配电器件排列的实际位置，标出每个器件的安装孔和进出线孔的位置，然后钻φ3mm的小孔，再用木螺钉安装固定，并进行面板的刷漆。若采用厚度2mm以上的铁质盘面板制作，则应在除锈后先刷防锈漆再安装。

4. 牢靠固定电器

等面板上的漆干了以后，应在出线孔套上玻璃纤维的绝缘导管或橡皮护套，以保护导线。然后将全部配电器件摆正，用木螺钉牢靠固定。

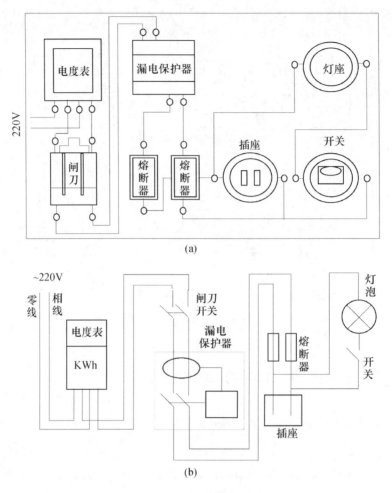

图 3-80 家用配电板示意图

二、配电板的接线

先根据电器仪表的容量、规格，选取导线的材料截面与长度，再将导线排列整齐，捆绑成束。然后用卡钉固定在配电面板的背面，特别注意引入和引出的导线应留有余量，以便于维修。导线敷设好以后，按设计图依次正确、可靠地与用电设备进行连接。

三、配电板的安装

垂直放置的开关、熔断器等设备的上端接电源，下端接负载；水平放置的设备左侧接电源，右侧接负载；螺旋式熔断器的中间端子接电源，螺旋端子接负载。对于母线颜色的选用应根据母线的类别来进行。一般规定如下：三相电源线 L1、L2、L3 分别用黄、绿、红三色涂上标志，中性线涂以紫色，接地线用紫底黑条标识。接零系统中的零母线，由零线端子板分路引至各支路或设备，零线端子板上各分支路的排列位置，必须与分支路熔断器的位置相对应。接地或接零保护线，必须先通过地线端子，再用保护接零（或接地）的端子板分路。配电板上所有器件的下方均安装卡片框,用来标明回路的名称,并可在适当的部位标出电气接线系统图。

 配电箱的制作

配电箱的箱体形状,外形尺寸应满足设计要求,也可以根据安装位置、电器件的容量、间距和数量等综合因素来选择标准箱体的成品。

配电箱的安装:

(1)板、箱的紧固件应先埋入墙体,挂式配电箱应采用膨胀螺栓固定。

(2)墙壁内预留孔洞暗装配电箱时,孔洞的外形尺寸应比箱外框大 2cm 左右。

(3)配电箱底边距地面高度暗装应大于 1.4m,明装应大于 1.8m,操作手柄距侧墙面应大于 20cm。

(4)接零系统所有零线必须可靠接地。配电箱外壁、内壁均应涂防腐漆。

 配电装置的安装步骤与方法

【任务描述】

根据图 3-80(b)原理图,按照正确的操作规范,利用给定的相关电器件完成配电板的安装,并对配电板进行检测、维修。

【实训内容】

一、布线要求

(1)按电源相线电流流入的顺序,确定元器件在面板上的摆放顺序:三脚插头→单相电度表→单相闸刀→漏电保护器→熔断器→两孔插座→电灯开关→固定灯座。

(2)配电板垂直放置时,各器件的左侧接零线,右侧接相线,称作"左零右相"。

(3)螺口灯座和开关的内触头应接相线。单相电能表的接线是"左相右零"。

(4)配电板背面布线横平竖直,分布均匀,避免交叉,导线转角圆成 90^0,圆角的圆弧形要自然过渡。

二、外观要求

(1)采用暗敷方式、元器件置于配电板正面,连线都在板背面。

(2)仪表置于板上方,便于观察;闸刀开关、电灯开关置于右侧,便于操作。

(3)连接仪表、开关的导线材料长短合适,裸露部分要少,用螺钉压接后裸露线长度应小于 1mm,线头连接要牢固到位。

三、安装步骤

(1)根据图 3-80(b)所示的电路原理图,确定各元器件在面板上的位置,画出接线图。

（2）确定接线孔的位置，做好标记后，用电钻钻孔。

（3）用木螺钉固定器件。

（4）根据接线图，按布线要求在板子的反面布线。布局及走线请参考图 3-80（a）。

（5）两心电源线用剥线钳剥线。分别与三脚插头按"左零右相"规则连接。配电板各对应端相连接。

（6）用万用表欧姆挡将配电板整体检查一遍，看有无接错、开路，相、零、地线有无颠倒。

（7）经检查无误后，在灯座上装上灯泡，检测电灯亮灭时，电度表铝盘随负载变化的转动情况是否正常，用万用表交流电压挡测量配电板上各处电压是否正常，闸刀开关、熔断器和漏电保护器能否起到保护或控制作用，两心插座能否输出 220V 交流电压，开关能否控制电灯的亮、灭。发现问题应及时检修，使之正常。

（8）交教师检测验收、评分。评分标准见表 3-21。

表 3-21　　　　　　　　　　　　　　　　评分标准

项目	配分	评分标准		扣分	得分
安装设计	10	绘制电路图不正确	扣 10 分		
线路的安装	30	（1）元件布置不合理 （2）灯座、开关、插座等安装松动，每处 （3）电器元件损坏，每只 （4）火线未进开关 （5）导线安装不符合要求，每根 （6）线芯剖削时损伤，每处 （7）电度表安装不符合要求 （8）熔体选择不符合要求	扣 5 分 扣 5 分 扣 10 分 扣 10 分 扣 2 分 扣 2 分 扣 10 分 扣 5 分		
通电试验	30	安装线路错误，造成短路、断路故障，每通电 1 次扣 10 分，扣完 30 分为止			
实训报告	10	没按照报告要求完成、内容不正确	扣 10 分		
团结协作精神	10	小组成员分工协作不明确、不能积极参与	扣 10 分		
安全文明生产	10	违反安全文明生产规程扣 5～10 分			
定额时间：2.5h		每超时 5 分钟以内以扣 5 分计算			
备注		除定额时间外，各项目的最高扣分不应超过配分	成绩		
开始时间		结束时间		实际时间	

【巩固】

（1）配电盘（箱）、开关、变压器等各种电气设备附近不得_____。

（A）设放灭火器　　　（B）设置围栏

（C）堆放易燃、易爆、潮湿和其他影响操作的物件

（2）一般居民住宅、办公场所，若以防止触电为主要目的时，应选用漏电动作电流为

_____ mA 的漏电保护开关。

(A) 6   (B) 15   (C) 30

（3）移动式电动工具及其开关板（箱）的电源线必须采用_____。

(A) 双层塑料铜心绝缘导线   (B) 双股铜心塑料软线

(C) 铜心橡皮绝缘护套或铜心聚氯乙烯绝缘护套软线

项目四

电力供电系统模型的制作

——三相供电及安全用电基础知识

项目目标

【知识目标】

(1) 熟悉三相交流电的产生及特点。

(2) 掌握三相四线制电源的接线。

(3) 掌握中性线的作用。

(4) 掌握不同电流对人体的伤害程度。

(5) 理解保护接零、保护接地和等电位连接的方法和意义。

(6) 了解安全用电和电气消防知识和几种常用灭火器的特点和使用原则。

【技能目标】

(1) 会对三相电源进行连接。

(2) 会用仿真软件安装星形、三角形联结电路，并能测量各电流、电压。

(3) 能在用电过程中采取适当的保护措施。

(4) 能对触电状况做出正确的判断和采取适当的急救措施。

(5) 能对器件进行接地保护。

【情感目标】

(1) 逐步形成理论联系实际的学习习惯与实事求是科学精神。

(2) 逐步培养自主性、研究性的学习方法。

(3) 在项目学习过程中逐步形成团队合作精神，培养关心爱护班集体的道德素养。

(4) 在项目工作中逐步形成产品意识、质量意识，强化安全意识，培养对科学的求知欲，提高安全用电意识。

(5) 养成救死扶伤、爱护国家财产的良好美德。

项目情景

【情景一】

（1）利用三相交流发电机仿真课件演示三相交流发电机的发电过程。

（2）上网浏览发电厂及三相交流电的应用。

（3）参观配电房、港口电气控制设备、工厂电气控制设备等。

【情景二】

（1）仿真演示安全用电知识。

（2）上网浏览安全用电的宣传画册。

（3）播放触电事故的案例。

（4）观看触电急救的录像片。

项目任务

　　工业及民用的交流电源，几乎都是由三相电源供给的，单相交流电源也是由三相电源的一相提供的。但是电看不见、摸不到，虽然一直恩惠着我们，一旦操作不当，就会酿成大祸。怎样既安全又科学地用电，是每个人和每个家庭必须注意的大事。本项目主要学习三相电源及供电系统、安全用电基本知识、电气消防知识和触电急救常识与技能。只有懂得了安全用电，才能很好地驾驭电力使之为人类造福。

任务一　模拟三相交流电源

【思考】

　　（1）你能说出三相四线制供电体制中，线电压、相电压之间的数量关系及相位关系吗？

　　（2）你能说出对称三相交流电的特征吗？

　　（3）如何用验电笔或 400V 以上的交流电压表测出三相四线供电线路上的火线和零线？

 **三相正弦交流电**

　　如果在交流电路中有几个电动势同时作用，每个电动势的大小相等、频率相同，只是相位不同，那么就称这种电路为多相制电路。组成多相制电路的各个单相部分称为一相。

三相交流电能得到广泛的应用，主要是由于它具有以下优点。

一、三相交流电的优点

（1）三相制发电机比同功率的单相发电机体积小，省材料。

（2）三相发电机结构简单，使用和维护较为方便，运转时比单相发电机的振动小。

（3）在同样条件下输送同样大的功率时，特别是远距离输电时，三相输电线可节约25％左右的材料。

（4）从用电看，三相交流电比单相交流电应用更为广泛，既可适用于三相制用电设备，也可取其中一相交流电用于照明和其他用电等单相设备。

二、三相正弦交流电动势的产生

三相交流发电机的示意图如图4-1所示，主要由转子和定子构成。定子中有三个完全相同的绕组，电动势的参考方向选定为绕组的末端指向始端，如图4-2（a）、（b）所示。

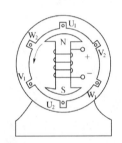

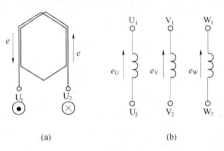

（a）　　　　　　　　（b）

图4-1　三相交流发电机工作示意　　　　图4-2　三相交流发电机电动势参考方向

由图4-1可见，当磁极的N极转到U_1处时，U相的电动势达到正的最大值。经过120°后，磁极的N极转到V_1处，V相的电动势达到正的最大值。同理，再由此经过120°后，W相的电动势达到正的最大值。周而复始，这三相电动势的相位互差120°。这种最大值相等、频率相同、相位互差120°的三个正弦电动势称为对称三相电动势。

（1）以对称三相电动势中的U相为参考正弦量，它们的瞬时值表达式为

$$e_U = E_m \sin\omega t$$

$$e_V = E_m \sin(\omega t - 120°)$$

$$e_W = E_m \sin(\omega t - 240°) = E_m \sin(\omega t + 120°)$$

（2）对称三相电动势波形图与相位图分别如图4-3和图4-4所示。

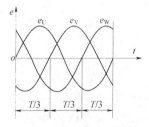

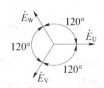

图4-3　对称三相电动势波形　　　　图4-4　对称三相电动势相位图

三、三相电源绕组的星形联结

三相发电机的每一相绕组都是一个独立的电源，可以单独地接上负载，成为彼此不相关的三相电路，如图 4－5 所示。这样的电路很不经济，没有实用价值。

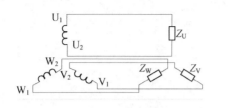 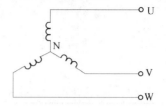

图 4－5　三相电路　　　　　　图 4－6　三相三线制星形联结

将三相发电机绕组的末端连在一起，始端分别引出输出线，这种连接称为星形联结，用"Y"表示。从始端引出的三根线称为相线或端线，俗称火线。末端接成的一点称为中性点，简称中点，用 N 表示。从中性点引出的输电线称为中性线，简称中线。低压供电系统的中性点是直接接地的，把接地的中性点称为零点，而把接地的中性线称为零线。工程上，U、V、W 三根相线分别用黄、绿、红颜色来区分。

（1）星形联结有三相三线制和三相四线制两种。

无中线的三相制叫作三相三线制，如图 4－6 所示。

有中线的三相制叫作三相四线制，如图 4－7 所示。

线电压：端线与端线之间的电压，$U_{线}=U_{UV}=U_{VW}=U_{WU}$。

相电压：端线与中线之间的电压，$U_{相}=U_{U}=U_{V}=U_{W}$。

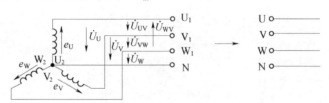

图 4－7　三相四线制星形联结

因为通常情况下电源三相电动势是对称的，所以，电源三相电压也是对称的，即大小相等、频率相同、相位互差 120°。

$$\dot{U}_{UV}=\dot{U}_{U}-\dot{U}_{V}$$

$$\dot{U}_{VW}=\dot{U}_{V}-\dot{U}_{W}$$

$$\dot{U}_{WU}=\dot{U}_{W}-\dot{U}_{U}$$

（2）画出相电压和线电压的相量图，如图 4－8 所示。

可见，线电压在相位上比相应的相电压超前 30°。

从 U_{U} 的端点作直线垂直于 U_{UV}，得直角三角形 OPQ。从这三角形中得到

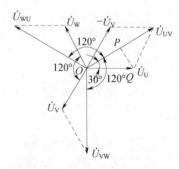

图 4－8　相电压、线电压相量图

177

$$\frac{1}{2}U_{UV}=U_V\cos30°=\frac{\sqrt{3}}{2}U_V$$

$$U_{UV}=\sqrt{3}U_V$$

即线电压与相电压的数量关系为 $U_{线}=\sqrt{3}U_{相}$。

研究 三相负载的星形联结

一、三相负载星形联结时的电路测试仿真

1. 基于 Proteus 的电路设计

（1）从 Proteus 库中选取元器件。仿真实验中，利用三个频率为 50Hz、有效值为 220V、相位各相差 120°的正弦信号源代替三相交流电。每相均采用 220V、100W、内阻为 484Ω 的灯泡作为负载。线路采用星形三相四线制联结，即三相交流源的公共端 N 与三相负载的公共端相连。

仿真电路所使用的元器件见表 4-1 所示。

表 4-1　　　　　　　　　　元器件明细表

元器件名称	所属类	所属子类	标识	值
Lamp	ACTIVE	Lamp	L	
Vsine	Vsine	Asimmdls	V	

（2）放置元器件、放置电源和地、连线、元器件属性设置、电气检测，所有的操作都是在 ISIS 中进行，其方法与前面的操作相似。

2. 基于 Proteus 的电路仿真

（1）按图 4-9 接好实训电路。

（2）设置交流信号源的参数，见表 4-2 所示。

表 4-2　　　　　　　　　　交流信号源的参数

元件参考	Amplitude	Frequency	Time Delay
V_1	311V	50Hz	0 ms（0°）
V_2	311V	50Hz	6.67 ms（+120°）
V_3	311V	50Hz	−6.67 ms（−120°）

（3）单击按钮图标 ▶ ，启动仿真。

（4）测量对称负载下，表 4-3 所列各项参数，将测得数据记入表 4-3 中。

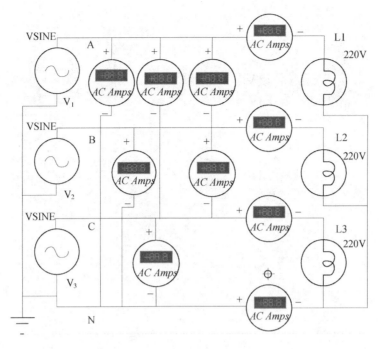

图 4 - 9 三相负载星形联结仿真电路

表 4 - 3 　　　　　　　　　　　　　**对称负载测量数据**

类别	线电压			相电压			线电流			中线电流 I_n
	U_{AB}	U_{AC}	U_{BC}	U_{AN}	U_{BN}	U_{CN}	I_A	I_B	I_C	
有中线										
无中线										

（5）测量不对称负载（A相负载中并接一个白炽灯泡）下，表4－4所列各项参数，将测得数据记入表4－4中。

表 4 - 4 　　　　　　　　　　　　　**不对称负载测量数据**

类别	线电压			相电压			线电流			中线电流 I_n
	U_{AB}	U_{AC}	U_{BC}	U_{AN}	U_{BN}	U_{CN}	I_A	I_B	I_C	
有中线										
无中线										

二、三相负载三角形联结时的电路测试仿真

1. 基于 Proteus 的电路设计

从 Proteus 库中选取元器件组成图 4－10 所示电路，元器件的选取及连接方法与前相同。

179

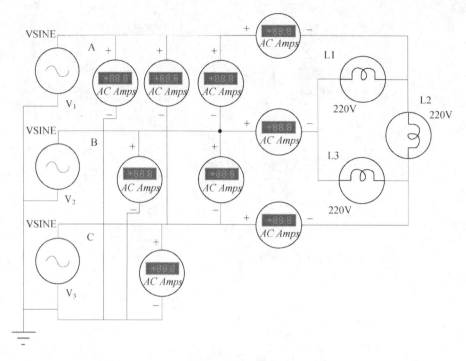

图 4-10　三相负载三角形联结仿真电路

2. 基于 Proteus 的电路仿真

（1）按图 4-10 接好实训电路。

（2）设置交流信号源的参数，见表 4-5。

表 4-5　　　　　　　　　　　设置交流信号源的参数

元件参考	Amplitude	Frequency	Time Delay
V_1	311V	50Hz	0 ms（0°）
V_2	311V	50Hz	6.67 ms（+120°）
V_3	311V	50Hz	−6.67 ms（−120°）

（3）单击 ▶ 按钮，启动仿真。

（4）测量对称负载下，表 4-6 所列各项参数，将测得数据记入表中。

表 4-6　　　　　　　　　　　对称负载测量数据

类别	线电压			相电压			线电流		
	U_{AB}	U_{AC}	U_{BC}	U_{AN}	U_{BN}	U_{CN}	I_A	I_B	I_C
有中线									
无中线									

（5）测量不对称负载（A 相负载中并接一个白炽灯泡）下，表 4-7 所列各项参数，将测得数据记入表 4-7 中。

表 4－7					不对称负载测量数据				
类别	线电压			相电压			线电流		
	U_{AB}	U_{AC}	U_{BC}	U_{AN}	U_{BN}	U_{CN}	I_A	I_B	I_C
有中线									
无中线									

 **虚拟交流信号激励源**

ISIS 系统中提供了正弦波（Sine）、模拟脉冲波（Pulse）、指数脉冲波（Exp）和分段线性激励源（Pwlin）等交流信号激励源。

正弦波激励源的幅值、频率和相位是可以控制的，它通常用于产生固定频率的连续正弦波。模拟脉冲波的幅值、周期可上升/下降沿时间是可控的，常用于为仿真分析产生各种周期输入信号，包括方波、锯齿波、三角波及单周期脉冲波。指数脉冲波可产生与充电/放电电路相同的脉冲波。分段线性激励源可以产生任意分段性信号。

若需要一个频率为 50Hz、有效值为 16V 和初相位为 60°的正弦波信号源，可按如下方法操作：先点击图标，再选择"正弦波（Sine）激励源"；点击右键选择设置参数，先填写有效值，系统自动生成幅度值，再填写频率和周期，如图 4－11 所示；设置相位时，系统生成延时值，如图 4－12 所示。其中"Offset（Volts）"指偏置电压，即正弦波的振荡中心电平。

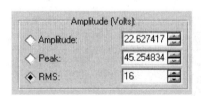 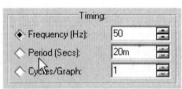

图 4－11　设置幅值和周期

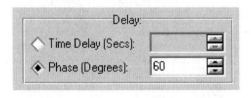

图 4－12　设置相位

用示波器观察两个指标不同正弦波信号源的波形结果如图 4－13 所示。两信号源的取值如表 4－8 所示。

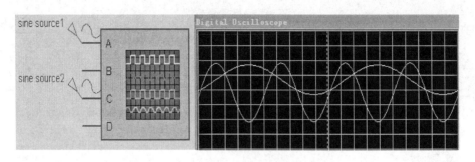

图 4-13 用示波器观察波形

表 4-8 信号源取值

信号源名称	幅值/V	频率/kHz	相位
Sine source1	1	1	0°
Sine source2	2	2	90°

若要选择交流电源时，可以选择元件库中的 "Sinulator Primitives" 中的电压激励源（Vsine）。

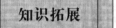 三相负载的连接

一、三相负载的星形联结

三相电路的连接电路图及相应相量图如图 4-14 所示。

1. 概念介绍

(1) 每相负载两端的电压称为负载的相电压，流过每相负载的电流称为负载的相电流。

(2) 流过相线的电流称为线电流，相线与相线之间的电压称为线电压。

(3) 负载为星形联结时，负载相电压的正方向规定为自相线指向负载中性点。相电流的正方向与相电压的正方向一致。线电流的正方向为电源端指向负载端。中线电流的正方向规定为由负载中点指向电源中点。

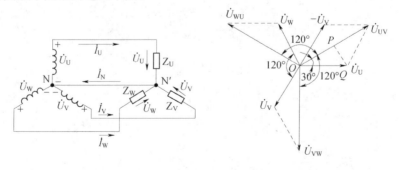

图 4-14 三相负载星形联结图及相位图

如果忽略输电线上的电压损失，负载端的相电压就等于电源的相电压；负载端的线电压就等于电源的线电压。

2. 三相负载星形联结时的结论

（1）线电压的相位仍超前对应的相电压 $30°$，$U_{Y线}=\sqrt{3}U_{Y相}$。

（2）相电流与线电流相等，即 $I_{Y线}=I_{Y相}$。

二、三相负载的三角形联结

把三相负载分别接在三相电源的每两根端线之间，就称为三相负载的三角形联结（△）。三角形联结的电压、电流参考方向如图 4-15 所示。

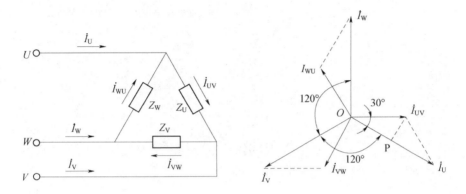

图 4-15 三相负载三角形联结及相位图

（1）在三角形联结连接中，由于各相负载是接在两根相线之间，因此，负载的相电压就是线电压，即

$$U_{\triangle Y相}=U_{\triangle Y线}$$

（2）根据基尔霍夫电流定律可知，线电流为

$$\dot{I}_U=\dot{I}_{UV}+（-\dot{I}_{WU}）$$

$$\dot{I}_V=\dot{I}_{VW}+（-\dot{I}_{UV}）$$

$$\dot{I}_W=\dot{I}_{WU}+（-\dot{I}_{VW}）$$

由相量图可知

$$\frac{1}{2}I_U=I_{UV}\cos30°=\frac{\sqrt{3}}{2}I_{UV}$$

$$I_U=\sqrt{3}I_{UV}$$

所以，对于三角形联结的对称负载来说，线电流与相电流的数量关系为

$$I_{\triangle线}=\sqrt{3}I_{\triangle相}$$

线电流的相位总是滞后与之对应的相电流 $30°$。

三相负载接到三相电源中，应做 △ 形联结还是 Y 形联结，应根据三相负载的额定电压而定。

若各相负载的额定电压等于电源的线电压，则应选用三角形联结；若各相负载的额定电压是电源线电压的$\frac{1}{\sqrt{3}}$，则应选用星形联结。

案例 我国低压供电的线电压为 380V，当三相感应电动机电磁绕组的额定电压为 380V 时，就应选用三角形联结；当电磁绕组的额定电压为 220V，就应选用星形联结。

又因为大多照明灯具额定电压都为 220V，故照明电路一般应接成 Y 形，如图 4-16 所示。

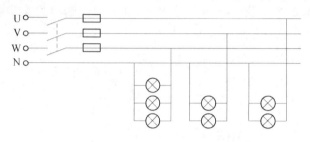

图 4-16　一般照明电路

任务二　构建电力系统的模型

知识链接　供电系统

一、供电系统组成

电能是通过人为加工而取得的二次能源。将自然能量转变为电能的过程称为发电，这一过程一般在发电厂进行。而发电厂与用电用户之间往往相距很远，这就需要用电力线路来输送电能。将发电厂的电能送到负荷中心的线路称为输电线路，将负荷中心的电能送到各用户的电力线路称为配电线路。

在输送与分配电能的过程中，为了减少电能损耗可以提高电压减少线路电压降落、功率损耗和电能损耗，将电能用高电压输电线路送到负荷中心的变电所，然后经降压、分配和控制，再用配电线路送到用电用户（见图 4-17）。

1. 三相交流电从发电厂到用户的传输过程

（1）电力系统：将各种发电厂、变电所和电力用户联系起来的一个发电、输电、变电、配电和用电的整体，如图 4-18 所示。将其他形式的能量转化为电能的场所称为发电厂或发电站。

（2）火力发电：将燃料的化学能→热能→机械能→电能。

（3）水力发电：利用水流势能→机械能→电能。

（4）核能发电：利用原子核裂变产生热能→机械能→电能。

（5）发电机：把其他形式的能量转换成电能。

2. 电压等级

大、中型发电机的输出电压等级：6.3kV、10.5kV。交流输电电压等级：110kV、220kV、330kV 及 500kV。

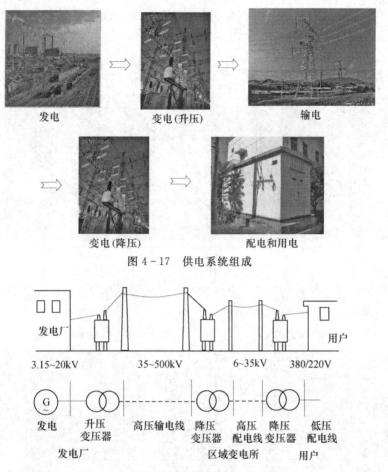

图 4-17　供电系统组成

图 4-18　电力系统

二、供电质量

1. 电压的质量要求

（1）35kV 及以上电压供电的允许偏差不超过额定值的 10%。

（2）10kV 及以下三相供电的允许偏差为 ±7%。

（3）220V 单相供电的允许偏差为 +7%、-10%。

2. 频率的要求

我国采用的工业频率（简称"工频"）为 50Hz，频率偏差范围一般规定为 ±0.5Hz。

知识拓展 **认识三相变压器**

（1）三相变压器组：由三个单相变压器的铁心组成，如图4-19所示。特点：三相磁路彼此无关。

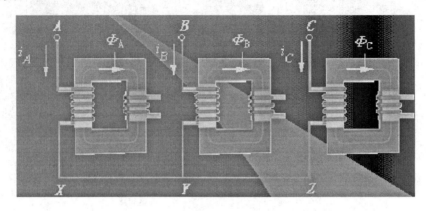

图4-19　三相变压器组

（2）三铁心柱变压器，如图4-20所示。特点：磁路相互关联，一相磁路以另外两相磁路作为闭合磁路。

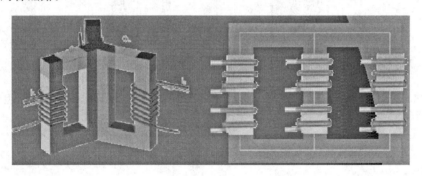

图4-20　三铁心柱变压器

任务三　安全用电活动策划

 **安全用电常识**

我国规定的系列安全电压有36V、24V及12V，但它们所提供的功率小，难于满足用电需求。因此，家庭和工业等许多场所的工作电压还是选用220V或380V，人一旦触及这样的电压就会造成触电伤亡事故，不注意用电安全还会造成电气设备的损坏或电气火灾。这样一来，安全用电就显得尤其重要，要做到安全用电应注意以下几点。

（1）不要超负荷用电。空调、电磁炉等大容量用电设备应使用专用线路，图4-21所示私拉乱接是必须严格禁止的。

（2）要选用与电线负荷相适应的熔丝，不要任意加粗，严禁用铜丝等代替熔丝，如图4-22所示。

图4-21 安全用电（一）

图4-22 安全用电（二）

（3）不用湿手、湿布擦带电的灯头、开关和插座等，如图4-23所示。

（4）晒衣架要与电力线保持安全距离，不要将晒衣竿搁在电线上，如图4-24所示。

图4-23 安全用电（三）

图4-24 安全用电（四）

（5）不能在电加热设备上烘烤衣物，如图4-25所示。

（6）雷雨天在市区人行道上行走，不要用手触摸树木、电杆及电杆拉线，以防触电，如图4-26所示。

图4-25 安全用电（五）

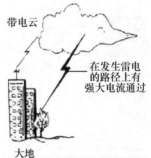
图4-26 安全用电（六）

（7）不乱拉乱接电线和私设电网，如图4-27所示。

（8）对规定使用接地的用电器具的金属外壳要做好接地保护，不要忘记给三眼插座安装接地线，不要随意把三眼插座改为两眼插座，如图4-28所示。

图4-27　安全用电（七）　　　　　　图4-28　安全用电（八）

（9）当发现电线断落，无论带电与否，都应先视为带电，与电线断落点保持足够的安全距离，并及时向供电部门汇报，如图4-29所示。

（10）当发现有人触电，要使触电者迅速脱离电源。若无法及时找到或断开电源时，可用干燥的竹竿、木棒等绝缘物挑开电线，如图4-30所示。

图4-29　安全用电（九）　　　　　　图4-30　安全用电（十）

（11）当有人触电时，应立即拉下电源开关或拔掉电源插头，如图4-31所示。

（12）家用电器着火，应先切断电源再灭火，如图4-32所示。

图4-31　安全用电（十一）　　　　　　图4-32　安全用电（十二）

（13）严禁在高低压电线下打井、竖电视天线和钓鱼，如图4-33所示。

（14）严禁在雷雨天和高压线下放风筝，如图4-34所示。

图 4-33 安全用电（十三）

图 4-34 安全用电（十四）

（15）照明开关必须接在相线上，相线应接在螺口灯泡灯座的顶心上，如图 4-35 所示。

（16）不要靠近断落的高压线路，防止跨步电压触电，如图 4-36 所示。

图 4-35 安全用电（十五）

图 4-36 安全用电（十六）

（17）不能用煤气管道或自来水管作为家电的接地线，如图 4-37 所示。

（18）要保持电视机等设备的通风，如图 4-38 所示。

图 4-37 安全用电（十七）

图 4-38 安全用电（十八）

 **电气消防常识**

电气火灾前，有一种前兆要特别引起重视，就是电线因过热首先会烧焦绝缘外皮，散发出一种烧胶皮、烧塑料的难闻气味。所以，当闻到此气味时，应首先想到可能是电气方面原因引起的，如查不到其他原因，应立即拉闸停电，直到查明原因、妥善处理后，才能合闸送电。

在发生电气设备火灾时，或临近电气设备附近发生火灾时，应该运用正确的方法灭火。

(1) 当电气设备或电气线路发生火灾时,要尽快切断火灾范围内的电源,防止火势蔓延。

(2) 对于电气火灾,不能用水或泡沫灭火器灭火,因为这种灭火剂是导电的。应使用盖土、盖沙的方法以及使用二氧化碳或 1211 灭火器灭火。

不同种类的灭火器适用的灭火种类不同,具体如下。

1) 泡沫灭火器适用于扑救油脂类、石油类产品及一般固体物质的初起火灾,由筒身、瓶胆、筒盖、提环等组成。筒身内装有硫酸铝水溶液的玻璃瓶或聚乙烯制成的瓶胆以及碳酸氢钠与发泡剂的混合溶液。泡沫灭火器只能立着放置,筒内溶液一般一年更换一次。使用时将筒身颠倒过来,碳酸氢钠与硫酸铝两种溶液混合后发生化学作用,产生二氧化碳气体泡沫,由喷嘴喷出。

2) 二氧化碳灭火器适用于扑灭图书、档案、贵重设备、精密仪器、600V 以下电气设备及油类的初起火灾。原理是在加压时将液态二氧化碳压缩在小钢瓶中,灭火时再将其喷出,有降温和隔绝空气的作用。

3) 干粉灭火器适用于扑救石油及其产品、可燃气体和电气设备的初起火灾。使用前先把灭火器上下颠倒几次,使筒内干粉松动。如果使用的是内装式或贮压式干粉灭火器,应先拔下保险销,一只手握住喷嘴,另一只手用力按下压把,干粉便会从喷嘴喷射出来。如果使用的是外置式干粉灭火器,应一只手握住喷嘴,另一只手提起提环,握住提柄,干粉便会从喷嘴喷射出来。灭火器应始终保持直立状态,不能横卧或颠倒使用。

4) 1211 灭火器主要适用于扑救油类、精密机械设备、仪表、电子仪器设备及文物、图书、档案等贵重物品的初起火灾。由筒身(钢瓶)和筒盖两部分组成。钢瓶内装满 1211 灭火剂,筒盖上装有压把、压杆、喷嘴、密封阀、虹吸管、保险销等。1211 是卤化物二氟一氯一溴甲烷的代号,是卤代烷灭火剂中使用较广的一种。

使用时,先拔掉保险销,然后握紧压把开关,压杆就使密封阀开启,1211 灭火剂在氮气压力作用下,通过虹吸管由喷嘴喷出。松开压把开关,喷射即中止。

1211 灭火器应放置在不受日光照、火烤的地方,但又要注意防潮,防止剧烈震动和碰撞。要定期检查压力表,发现低于使用压力的 9/10 时,应重新充气。同时要定期检查重量,低于标明重量 9/10 时,应重新灌灭火剂。

(3) 灭火人员不应该使身体及所持灭火器触及带电的导线或电气设备,以防触电。

知识链接三 保护接地、保护接零

电气设备的外壳,在正常情况下是不带电的。但是,当电气设备的绝缘措施有损坏时,其金属外壳就可能带电。

为了避免由于这种绝缘失常而引起的触电事故,我们可以采取很多措施,主要是:将正常情况下不带电的金属外壳与大地作良好的金属连接,即设保护接地装置,或金属外壳与零线作金属连接,即采取保护接零。

一、保护接地

保护接地适用于1000V以上的电气设备以及三相电源（1000V以下）中性点不接地的供电系统中。在电源中性点不接地的配电系统中，不论电气设备的绝缘多么良好，输电线路的绝缘电阻 R 总是有限的。因此在正常情况下就有漏电电流，不过该电流值很小，可以忽略不计。当电气设备的绝缘措施损坏时，相线与电气设备外壳短路，从而使电气设备外壳带电。当人体接触到电气设备的外壳时，漏电电流经人体形成回路，使人体触电。其中，接地装置是用良导体与大地进行良好的连接，一般要求接地电阻 R_d 不大于 4Ω，如图 4-39 所示。

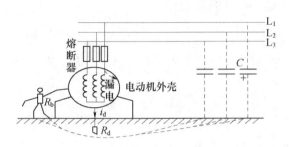

图 4-39　接地保护系统

在这种保护系统中，假如人体接触到带电的外壳，由于人体电阻 R_b 和接地电阻 R_d（接地电阻越小越好）是并联的，且 $R_d \ll R_b$，所以，绝大部分的电流通过 R_d 入地，而流经人体 R_b 的电流极微小，从而避免触电的危险，保证人身安全。为了提高系统的保护效果，在电网的保护和工作零线及保护线上每间隔一定距离可重复接地，即多点处与地连接，而工作零线是不允许重复接地的。

二、保护接零

在低压（<1000V）三相四线制的供电系统中，将中性点接地的方式称为工作接地。在中性点接地的输电系统中，如仍采用保护接地，那么其保护作用将很不完善。当人体触及漏电的电气设备外壳时，仍有触电的危险。一般中性点接地的接地装置与电气设备接地装置的接地电阻均规定为不大于 4Ω，而电源相电压为220V，那么当电气设备的绝缘损坏外壳带电时，两接地装置间的电流 $I_d = 220V/(4\Omega + 4\Omega) = 27.5A$，这一电流值是不一定能将熔丝烧断的，从而使电气设备外壳长期存在着一个对地的电压，其值 $U_d = I_d R_d = 110V$。若施工现场电气设备的接地装置不良，接地电阻远大于 4Ω，那么该电压将更高，这样对人身安全将是十分危险的。因此，在电源中性点接地的配电系统中，最完善的办法是将电气设备的外壳

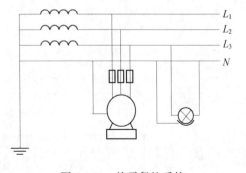

图 4-40　接零保护系统

191

与中线连接，称为接零保护，如图 4-40 所示。

保护接零的基本作用是当某带电部分碰连设备外壳时，通过设备外壳形成该相对零线的单相短路，短路电流促使线路上过电流保护装置迅速动作，把故障部分断开电流，消除触电危险。保护接零的实质是提高动作电流，而保护接地的实质是降低人身触电电压。

任务四 触 电 急 救

 触电急救相关知识

在用电过程中，必须特别注意电气安全，如果稍有麻痹或疏忽，就可能造成严重的人身触电事故，或者引起火灾或爆炸，给国家和人民带来极大的损失。

一、安全电压

交流工频安全电压的上限值，在任何情况下，两导体间或任一导体与地之间都不得超过 50V。我国的安全电压的额定值为 42V、36V、24V、12V、6V。如手提照明灯、危险环境的携带式电动工具，应采用 36V 安全电压；金属容器内、隧道内、矿井内等工作场合，狭窄、行动不便及周围有大面积接地导体的环境，应采用 24V 或 12V 安全电压，以防止因触电而造成的人身伤害。

注意：潮湿场合，42V 或 36V 等电压并非绝对安全。

二、安全距离

为了保证电气工作人员在电气设备运行操作、维护检修时不致误碰带电体，规定了工作人员离带电体的安全距离；为了保证电气设备在正常运行时不会出现击穿短路事故，规定了带电体离附近接地物体和不同相带电体之间的最小距离。安全距离主要有以下几方面。

（1）设备带电部分到接地部分和设备不同相部分之间的距离，如表 4-9 所示。

（2）设备带电部分到各种遮拦间的安全距离，如表 4-10 所示。

（3）无遮拦裸导体到地面间的安全距离，如表 4-11 所示。

（4）电气工作人员在设备维修时与设备带电部分间的安全距离，如表 4-12 所示。

表 4-9 设备带电部分到接地和设备不同相部分的安全距离

设备额定电压（kV）		1～3	6	10	35	60	110①	220①	330①	500①
带电部分到接地部分/mm	屋内	75	100	125	300	550	850	1800	2600	3800
	屋外	200	200	200	400	650	900	1800	2600	3800
不同相带电部分之间/mm	屋内	75	100	125	300	550	900	—	—	—
	屋外	200	200	200	400	650	1000	2000	2800	4200

①中性点直接接地系统。

192

表 4 - 10   设备带电部分到各种遮拦间的安全距离

设备额定电压/kV		1～3	6	10	35	60	110①	220①	330①	500①
带电部分到遮拦/mm	屋内	825	850	875	1050	1300	1600	—	—	—
	屋外	950	950	950	1150	1350	1650	2550	3350	4500
带电部分到网状遮拦/mm	屋内	175	200	225	400	650	950	—	—	—
	屋外	300	300	300	500	700	1000	1900	2700	5000
带电部分到板状遮拦/mm	屋内	105	130	155	330	580	880	—	—	—

① 中性点直接接地系统。

表 4 - 11   无遮拦裸导体到地面间的安全距离

设备额定电压/kV		1～3	6	10	35	60	110①	220①	330①	500①
无遮拦裸导体到地面间的安全距离/mm	屋内	2375	2400	2425	2600	2850	3150	—	—	—
	屋外	2700	2700	2700	2900	3100	3400	4300	5100	7500

① 中性点直接接地系统。

表 4 - 12   工作人员与带电设备间的安全距离

设备额定电压/kV	10 及以下	20～35	44	60	110	220	330
设备不停电时的安全距离/mm	700	1000	1200	1500	1500	3000	4000
工作人员工作时正常活动范围与带电设备的安全距离/mm	350	600	900	1500	1500	3000	4000
带电作业时人体与带电体之间的安全距离/mm	400	600	600	700	1000	1800	2600

三、触电的危害性与急救

人体是导电体，一旦有电流通过时，将会受到不同程度的伤害。由于触电的种类、方式及条件的不同，受伤害的后果也不一样。

1. 触电的种类

人体触电有电击和电伤两类。

（1）电击是指电流通过人体时所造成的内伤。它可以使肌肉抽搐、内部组织损伤，造成发热发麻、神经麻痹等。严重时将引起昏迷、窒息，甚至心脏停止跳动而死亡。通常说的触电就是电击。触电死亡大部分由电击造成。

（2）电伤是指电流的热效应、化学效应、机械效应以及电流本身作用下造成的人体外伤。常见的有灼伤、烙伤和皮肤金属化等现象。

2. 触电方式

（1）单相触电。这是常见的触电方式。人体的某一部分接触带电体的同时，另一部分又与大地或中性线相接，电流从带电体流经人体到大地（或中性线）形成回路，如图 4 - 41所示。

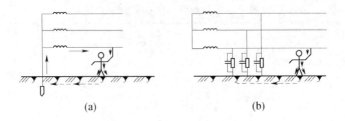

图 4 - 41 单相触电

(a) 中性点直接接地   (b) 中性点不直接接地

（2）两相触电。两相触电分两种情况。

1）在动力电系统中，当人体接触两根不同的相线时，由于两根相线之间有 380V 的电压，电流不仅通过人的中枢神经系统和心脏，且数值也比单线触电时大，所以这种触电的危害最为严重，如图 4 - 42 所示。

2）在市电系统中，当人体同时触及相线和零线时，同样在人体之间存在 220V 电压，同样会造成危险，如图 4 - 43 所示。

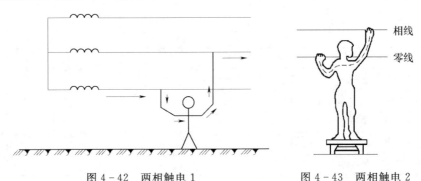

图 4 - 42 两相触电 1   图 4 - 43 两相触电 2

（3）跨步电压触电。跨步电压触电原理如图 4 - 44 所示。这类触电多数发生在高压故障接地处，如电源的高压线断线落地、电气设备因漏电使外壳经过地形成大电流。这时，电流自接地处向四周扩散，在其周围 10～20m 内产生不同的电位。当人走进这一范围时，两脚在地面上不同处所承受的电位差，称为跨步电压，由此引起的触电，称为跨步电压触电。为避免这类触电事故的发生，在电力系统接地装置附近或电网断线接地点的 10m 以内的地面，人们不要走进。一旦发生误入跨步区域时，应采用双脚并拢蹦跳离开，切勿摔倒。

图 4 - 44 跨步电压触电原理

（4）感应电压触电。是指当人触及带有感应电压的设备和线路时所造成的触电事故。一些不带电的线路由于大气变化（如雷电活动），会产生感应电荷，停电后一些可能感应

194

电压的设备和线路如果未及时接地，这些设备和线路对地均存在感应电压。

（5）剩余电荷触电。是指当人体触及带有剩余电荷的设备时，对人体放电造成的触电事故。带有剩余电荷的设备通常含有储能元件，如并联电容器、电力电缆、电力变压器及大容量电动机等，在退出运行和对其进行类似摇表测量等检修后，会带上剩余电荷，因此要及时对其放电。

3. 电流对人体危害程度的主要因素

电流对人体伤害的严重程度与通过人体电流的大小、频率、持续时间、通过人体的路径及人体电阻的大小等多种因素有关。

（1）电流大小。通过人体的电流越大，人体的生理反应就越明显，感应越强烈，引起心室颤动所需的时间越短，致命的危险越大，如表 4-13 所示。

对于工频交流电，按照通过人体电流的大小和人体所呈现的不同状态，电流大致分为下列三种。

1）感觉电流是指引起人体感觉的最小电流。实验表明，成年男性的平均感觉电流约为 1.1mA，成年女性为 0.7mA。感觉电流不会对人体造成伤害，但电流增大时，人体反应变得强烈，可能造成坠落等间接事故。

2）摆脱电流是指人体触电后能自主摆脱电源的最大电流。实验表明，成年男性的平均摆脱电流约为 16 mA，成年女性的约为 10mA。

3）致命电流是指在较短的时间内危及生命的最小电流。实验表明，当通过人体的电流达到 50 mA 以上时，心脏会停止跳动，可能导致死亡。

表 4-13 触电后人体的反应

触电电流/mA	人体的触电反应	
	50～60Hz 交流电	直流电
0.6～1.5	开始有麻刺感	没有感觉
2～3	有强烈的麻刺感	没有感觉
5～7	有肌肉痉挛现象	刺痛、灼热感
8～10	难以摆脱电源，触电部位感到剧痛	灼热感
20～25	迅速麻痹，不能摆脱电源，剧痛，呼吸困难	痉挛
50～80	呼吸器官麻痹，心脏开始振颤	肌痛感觉强烈，触电部位肌肉痉挛，呼吸困难
90～100	呼吸困难，持续 3s 左右心脏停跳	呼吸器官麻痹

（2）电流频率。一般认为 40～60Hz 的交流电对人体最危险。随着频率的增高，危险性将降低。高频电流不仅不伤害人体，还能治病。

（3）通电时间。通电时间越长，电流使人体发热和人体组织的电解液成分增加，导致人体电阻降低，反过来又使通过人体的电流增加，触电的危险亦随之增加。

（4）电流路径。电流通过头部可使人昏迷；通过脊髓可能导致瘫痪；通过心脏造成心跳停止，血液循环中断；通过呼吸系统会造成窒息。因此，从左手到胸部是最危险的电流路径，从手到手、从手到脚也是很危险的电流路径，从脚到脚是危险性较小的电流路径。

一、触电紧急处理

触电事故常有发生，其原因有：电线线路安装不合格、电气设备漏电、违反用电操作规程等。

触电的症状可随电压高低、电流强弱、身体的导电条件及接触电源的时间长短而异。轻者有惊吓、心慌、局部肢体麻木；重者有抽搐、强直性痉挛，同时出现休克或心律不齐，随即转入"假死"状态（呼吸停止、心跳尚存或心跳停止、呼吸尚存）。严重者呼吸、心跳立即停止。

触电发生后，应该立即进行紧急处理。

（1）应立即拔去插头、切断总电源。如电源总开关在附近，则迅速切断电源，使病人脱离电流损害的状态，这是能否抢救成功的首要因素。否则采取下一步措施。

（2）当病人触电时，身上有电流通过，已成为一带电体，对救护者是一个严重威胁，如不注意安全，同样会使抢救者触电。所以，必须先使病人脱离电源后方可抢救。在野外可用木棒、竹竿、塑料棒等挑开电源线；也可用干燥带木柄的刀或锄头斩断电线；若触电者趴在漏电的机器上，救护者应穿胶底鞋或站在干燥的木板上，用绳子、塑料绳套在患者身上将其拉出。千万不可在未切断电源时，用手直接去拉触电者或电源线。

（3）脱离电源后，人体的肌肉不再受到电流的刺激，会立即放松，病人可自行摔倒，造成新的外伤（如颅底骨折），特别在高空时更是危险。所以脱离电源需有相应的措施配合，避免此类情况发生，加重病情。

二、触电急救

1. 触电状况判断

解脱电源后，病人往往处于昏迷状态，情况不明，故应尽快对心跳和呼吸情况作一判断，看看是否处于"假死"状态。因为只有明确的诊断，才能及时正确地进行急救。处于"假死"状态的病人，因全身各组织处于严重缺氧的状态，情况十分危险，故不能用一套完整的常规方法进行系统检查。只能用一些简单有效的方法判断一下是否"假死"及"假死"的类型。

简单诊断的具体方法如下：将脱离电源后的病人迅速移至比较通风、干燥的地方，使其仰卧，将上衣与裤带放松。

（1）观察一下有否呼吸存在，当有呼吸时，我们可看到胸廓和腹部的肌肉随呼吸上下运动；用手放在鼻孔处，可感到气体的流动，如图 4-45 所示。相反，无上述现象，则往往是呼吸已停止。

（2）摸一摸颈部的颈动脉和腹股沟处的股动脉有没有搏动，如图 4-46 所示。因为有心跳时一定有脉搏，颈动脉和股动脉都是大动脉，位置表浅，所以很容易感觉到它们的搏动，常常作为是否有心跳的依据。另外，在心前区也可听一听是否有心声，有心声则有心跳，如图 4-47 所示。

图 4-45 看　　　　图 4-46 摸　　　　图 4-47 听

（3）看一看瞳孔是否扩大。瞳孔的作用有点像照相机的光圈，但人的瞳孔是一个由大脑控制自动调节的光圈，当大脑细胞正常时，瞳孔的大小会随着外界光线的变化自行调节，使进入眼内的光线强度适中，便于观看。当处于"假死"状态时，大脑细胞严重缺氧，处于死亡的边缘，所以整个自动调节系统的中枢失去了作用，瞳孔也就自行扩大，对光线的强弱再也起不到调节作用，所以瞳孔扩大说明了大脑组织细胞严重缺氧，人体也就处于"假死"状态。通过以上简单的检查，我们即可判断病人是否处于"假死"状态，并依据"假死"的分类标准，可知其属于何种"假死"的类型。这样，我们在抢救时便可有的放矢，对症治疗。

2. 触电处理方法

经过简单诊断后的病人，一般可按下述情况分别处理。

（1）人神志清醒，但感乏力、头昏、心悸、出冷汗，甚至有恶心或呕吐。此类病人应就地安静休息，减轻心脏负担，加快恢复；情况严重时，应小心送往医疗部门，请医护人员检查治疗。

（2）病人呼吸、心跳尚在，但神志昏迷。此时应将病人仰卧，保持周围空气流通，并注意保暖。除了要严密观察外，还要作好人工呼吸和心脏挤压的准备工作，并立即通知医疗部门或用担架将病人送往医院。在去医院的途中，要注意观察病人是否突然出现"假死"现象，如有，则应立即抢救。

（3）如经检查后，病人处于"假死"状态，则应立即针对不同类型的"假死"进行对症处理。

对"有心跳而呼吸停止"的触电者采用"口对口（鼻）人工呼吸法"。人工呼吸的目的，是用人工的方法来代替肺的呼吸活动，使气体有节律地进入和排出肺部，供给体内足够的氧气，充分排出二氧化碳，维持正常的通气功能。人工呼吸的方法有很多，目前认为口对口人工呼吸法效果最好。

（4）口对口人工呼吸法操作方法。

口对口人工呼吸法口诀：清口捏鼻手抬颌，深吸缓吹口对紧。张口困难吹鼻孔，五秒一次坚持做。

1）将病人仰卧，如图 4-48 所示，解开衣领，松开紧身衣着，放松裤带，以免影响呼吸时胸廓的自然扩张。然后将病人的头偏向一边，张开其嘴，用手指清除口内中的假牙、血块和呕吐物，使呼吸道畅通。

2）抢救者在病人的一边，以近其头部的一手紧捏病人的鼻子（避免漏气），并将手掌外缘压住其额部，另一只手托在病人的颈后，将颈部上抬，使其头部充分后仰，以解除舌下坠所致的呼吸道梗阻。

3）急救者先深吸一口气，然后用嘴紧贴病人的嘴或鼻孔大口吹气，同时观察胸部是否隆起，以确定吹气是否有效和适度，如图 4-49 所示。

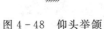

图 4-48　仰头举颏　　　　　图 4-49　边吹气边观察胸部膨起

4）注意事项。

①口对口吹气的压力需掌握好，刚开始时可略大一点，频率稍快一些，经 10～20 次后可逐步减小压力，维持胸部轻度升起即可。对幼儿吹气时，不能捏紧鼻孔，应让其自然漏气，为了防止压力过高，急救者仅用颊部力量即可。

②吹气时间宜短，约占一次呼吸周期的三分之一，但也不能过短，否则影响通气效果。

③如遇到牙关紧闭者，可采用口对鼻吹气，方法与口对口基本相同。此时可将病人嘴唇紧闭，急救者对准鼻孔吹气，吹气时压力应稍大，时间也应稍长，以利气体进入肺内。

④吹气停止后，急救者头稍侧转，并立即放松捏紧鼻孔的手，让气体从病人的肺部排出，此时应注意胸部复原的情况，倾听呼气声，观察有无呼吸道梗阻。

⑤如此反复进行，每分钟吹气 12 次，即每 5s 吹一次。

（5）对"有呼吸而心脏停跳"的触电者，应采用"人工胸外挤压法"（也称体外心脏挤压法），体外心脏挤压是指有节律地以手对心脏挤压，用人工的方法代替心脏的自然收缩，从而达到维持血液循环的目的。

体外心脏挤压法口诀：掌根下压不冲击，突然放手手不离。手腕略弯压一寸，一秒一次较适宜。

体外心脏挤压法操作方法如图 4-50 所示。

1）使病人仰卧于硬板上或地上，以保证挤压效果。

2）抢救者以一手掌根部按于病人胸下二分之一处，即中指指尖对准其颈部凹陷的下缘当胸一手掌，另一手压在该手的手背上，肘关节伸直，依靠体重和臂肩肌肉的力量垂直用力向脊柱方向压迫胸骨下段，使胸骨下段与其相连的肋骨下陷 3～4cm，间接压迫心脏，使心脏内血液搏出。

3）挤压后突然放松（要注意掌根不能离开胸壁），依靠胸廓的弹性使胸复位。此时，心脏舒张，大静脉的血液回流到心脏。

4）按照上述步骤连续操作，每分钟需进行 60 次，即每秒一次。

5）注意事项。

①挤压时位置要正确，一定要在胸骨下二分之一处的压区内，接触胸骨应只限于手掌

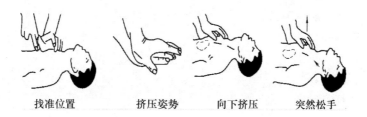

找准位置　　　　挤压姿势　　　　向下挤压　　　　突然松手

图 4-50　体外心脏挤压法操作方法

根部，手掌不能平放，手指向上与肋保持一定的距离。

②用力一定要垂直并要有节奏、有冲击性。

③对小儿只用一个手掌根部即可。

④挤压的时间与放松的时间应大致相同。

⑤为提高效果，应增加挤压频率，最好能达每分钟 100 次。

（6）对"呼吸和心跳都已停止"的触电者，应两人配合同时采用"口对口（鼻）人工呼吸法"和"人工胸外挤压法"，如图 4-51 所示，同时向医院告急求救。在抢救过程中，任何时刻都不能中止，即便在送往医院的途中，也必须继续进行抢救，一定要边救边送，直到心跳、呼吸恢复。

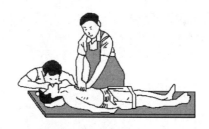

图 4-51　"呼吸和心跳都已停止"触电者的急救方法

如果急救者只有一人，也必须同时进行心脏挤压及口对口人工呼吸。此时可先吹两次气，立即进行挤压五次，然后再吹两口气，再挤压，反复交替进行，不能停止。